August von Berlepsch

B i e n e n z u c h t

Mit 46 Abbildungen

HEEL

Die zum Teil geminderte Druckqualität ist auf den Erhaltungszustand der Originalvorlage zurückzuführen.

Bibliografische Information der Deutschen Nationalbibliothek
Die Deutsche Nationalbibliothek verzeichnet diese Publikation in der Deutschen Nationalbibliografie; detaillierte bibliografische Daten sind im Internet über www.d-nb.de abrufbar.

Neuausgabe der Originalausgabe von 1917
nach dem Exemplar des Verlagsarchives

Heel Verlag GmbH
Gut Pottscheidt
53639 Königswinter
Tel.: 02223 9230-0
Fax: 02223 923013
www.heel-verlag.de

Genehmigte Lizenzausgabe, Heel Verlag GmbH 2010
ISBN 978-3-86852-351-5

Lektorat: Andreas Bäslack, Leipzig
Texterfassung: Gerda Kaunath, Holzminden
Einbandgestaltung: Jens Röblitz, Leipzig
Gesamtherstellung: Westermann Druck Zwickau GmbH
Printed in Germany

Inhalt

Seite

2. Teil
Die Praxis der Bienenzucht

Anhang

1. Teil

Das Wichtigste aus der Theorie der Bienenzucht.

A. Der Körper der Biene

Die Biene ist von einer hornartigen Haut (Chitin) umgeben. Ihr Körper scheidet sich durch tiefe Einschnitte in drei Teile: Kopf, Brust und Hinterleib. Am Kopf befinden sich drei Stirnaugen und zwei Seitenaugen, ferner zwei Fühler, der Saugrüssel und der Mund. Die Fühler der Königin und Arbeitsbienen bestehen aus zwölf, die der Drohnen aus dreizehn Gliedern.

An der Brust sitzen vier Flügel und sechs Beine. Die Beine sind ungleich lang, die Hinterbeine sind am längsten. Jedes Bein besteht aus fünf verschiedenen Gliedern. Das letzte ist der Fuß, der ebenfalls aus fünf Gliedern besteht. An dem letzten sitzen zwei Krallen.

An dem Unterschenkel der Hinterbeine befindet sich eine schwache Vertiefung, das so genannte Körbchen.

Der Hinterleib besteht aus sechs Ringen und endigt bei der Königin und der Arbeitsbiene mit dem Stachel, dem After und den Geschlechtsteilen. Der Hinterleib der Drohne zeigt sieben Ringe.

An der Unterseite der vier letzten Ringe findet man die Wachsspiegel. Der Körper ist mit Haaren bedeckt. Das Innere der Biene ist ein wahres chemisches Laboratorium von Drüsen, Muskeln usw. Welche Arbeiten die einzelnen Organe auszuführen haben, ist noch längst nicht sicher erforscht. Für die Praxis ist es gleichgültig, ob man dies weiß oder nicht.

B. Arten, Rassen, Varietäten der Bienen

Bekanntlich gehören die Bienen in die Klasse der Insekten. Weil alle Bienen vier häutige, durchsichtige Flügel haben, werden sie der Ordnung der Hautflügler oder Hymenopteren zugezählt und bilden die Familie (Gattung, Geschlecht) der Bienen oder Apiden. Von den verwandten Hautflüglern unterscheiden sich die Bienen dadurch, dass ihnen am Schienbein der Hinterfüße der sog. Dorn fehlt. Jedoch zeigt die Puppe der Honigbiene diese Sporen (Dorne) noch, die bei fortschreitender Entwicklung wieder verschwinden. Dadurch ist die Verwandtschaft der Honigbiene mit den sporentragenden Hautflüglern nachgewiesen.

Die Heimat der Bienen ist die alte Welt. Nach Amerika wurden die Bienen durch Spanier und Engländer verpflanzt, und Australien erhielt sie erst im vorigen Jahrhundert. Die gegenwärtige Verbreitung der Bienen über alle fünf Erdteile lässt uns einen Schluss auf die Bedeutung machen, welche diese Insekten in der Kultur der Völker haben; in national-ökonomischer Hinsicht sind die Bienen unstreitig die wichtigsten Insekten.

Bis zur Mitte des vorigen Jahrhunderts züchtete man in Deutschland nur unsere all- und altbekannte Honigbiene; erst nach Einführung der italienischen Biene nahmen die deutschen Bienenzüchter von den verschiedenen Arten, Rassen und Varietäten der Bienen Kenntnis.

Die Familie der Bienen zerfällt zunächst in zwei Gruppen: in einsam lebende und gesellig lebende Bienen. Während bei den einsam lebenden Bienen nur Männchen und Weibchen angetroffen werden, kommen bei den geselligen noch verkümmerte oder geschlechtlich unvollständig entwickelte Weibchen hinzu, welche alle Arbeiten inner- und außerhalb der Gesellschaft besorgen. Wir haben es nur mit den gesellig lebenden Bienen zu tun.

1. In der Gruppe der gesellig lebenden Bienen unterscheidet man verschiedene Arten. Zu einer und derselben Art rechnen

wir nach Linné alle Tiere, welche von gleichen Eltern abstammen, so dass das junge Wesen, abgesehen von außerwesentlichen Merkmalen (Größe und Farbe), den Eltern stets vollkommen gleicht. Tiere einer und derselben Art paaren sich erfolgreich untereinander. Paaren sich zwei Tiere, welche verschiedenen, wenn auch nahe stehenden Arten angehören, erfolgreich, so trägt das gezeugte Tier die Merkmale beider elterlichen Arten und heißt Bastard. Arten einer Familie, die in den geschlechtlichen Organen von einander abweichen, paaren sich nie erfolgreich, selbst dann nicht, wenn bei einem Begattungsversuch Samenergießung erfolgt. Bastarde sind ausnahmslos untereinander unfruchtbar, d. h. die Begattung eines Bastards mit einem Bastard hat nie Befruchtung zur Folge. Ist ein Bastard fortpflanzungsunfähig, so ist er es nur durch die so genannte Anpaarung, d. h. er wird nur trächtig, wenn er sich mit einem Tier paart, welches entweder zu der Spezies des Vaters oder zu der der Mutter gehört; das gezeugte Junge ist in diesem Fall nicht etwa wieder ein Bastard, sondern schlägt in eine der elterlichen Stammarten zurück. Mit diesem Gesetz hat die Natur dem Verschwinden gewisser Tierarten und dem Wechsel der Tierformen vorgebeugt.

Bis jetzt kennt man vier verschiedene Arten von Bienen. Die große asiatische Biene (Apis dorsata Fab.) hat einen auffallend lang gestreckten Hinterleib, dessen Rückenbogen abgeflacht sind. Der Sammelapparat dieser Biene ist ganz vorzüglich ausgebildet; denn ihre Bürste oder Hechel zeigt dreizehn Querreihen borstenartiger Haare, und ihre Zunge ist erheblich länger und kräftiger als die unserer deutschen Biene. In naturgeschichtlichen Sammlungen (z.B. in Berlin) sieht man Exemplare von Java (Apis nigripennis Latr.), Ceylon (A. bicolor Klug), Celebes und Luzon (A. zonota Smith). – Die südasiatische Biene (Apis Indica Fab.) gleicht in ihrer Gestalt so sehr unserer deutschen Biene, dass sie von vielen Reisenden für die Biene Europas gehalten wurde; sie ist aber fast um die Hälfte kleiner als die europäische Biene. Die Art lebt in Vorder-Indien, auf Java und Luzon. – Die kleine südasiatische Biene (Apis florea Fab.) ist die kleinste aller bekannten Bienenarten; denn etwa erst 80.000 Wesen dieser Art würden den Raum ausfüllen, den 24.000 Wesen unserer Biene einnehmen. - Die Honigbiene, Hausbiene oder Imme (Apis mellifica) ist über Europa und Afrika verbreitet; außerdem lebt sie in Klein-Asien, Syrien, Persien, China und nördlich vom Himalaja bis Sibirien.

Die spezifisch asiatischen Bienen können in Deutschland nicht gezüchtet werden, weil sie als Kinder der Tropengegend dem europäischen Winter nicht zu widerstehen vermögen; für den bloß praktischen Bienenwirt haben sie darum kein weiteres Interesse. Wir beschäftigen uns fortan nur mit der allbekannten Imme oder Honigbiene, kurzweg Biene genannt.

2. Es ist Tatsache, dass die Honigbiene nicht überall dieselbe Körpergröße besitzt; noch stärker aber weichen die Bienen verschiedener Gegenden in der Farbe des Hautskeletts und der Behaarung voneinander ab. Aufgrund der äußeren körperlichen Merkmale unterscheiden wir innerhalb der Art mehrere Rassen, Unterarten oder Abarten. Jedoch nur die äußeren Merkmale, welche durch die im Tier ruhende Lebenskraft selbst unter veränderten äußeren Gegenwirkungen (z.B. Klima, Beschaffenheit der Nahrung usw.) sich übereinstimmend (konform) und ständig (konstant) erhalten und fortpflanzen, sind zur Abgrenzung der Rassen brauchbar. Die physischen Eigenschaften oder das sog. Naturell spielen bei der Einteilung der Art in Unterarten keine Rolle. Zu einer und derselben Rasse rechnen wir demnach alle Honigbienen, die in ihren äußerlichen körperlichen Merkmalen (Größe und Farbe) übereinstimmen. Die bemerkenswertesten Rassen der Honigbiene sind:

Die einfarbige, dunkle, nordische oder deutsche Biene (Apis mellifica im engeren Sinne). Sie lebt im nördlichen Europa (bis Abo und Helsingfors unter dem 60° bis 61° n. Br.), im mittleren Europa, im nördlichen Spanien, in Algier, in Guinea und am Kap der guten Hoffnung. In Amerika eingeführt, verbreitete sie sich dort mit einer an das Wunderbare grenzenden Schnelligkeit, so dass sie gegenwärtig bereits ein Gemeingut aller kultivierten Länder Amerikas ist.

Die italienische Biene (Apis Ligustica Spin.) hat mit der deutschen gleiche Größe; aber die beiden ersten Hinterleibsringe sind rotgelb oder rotbraun gefärbt. Außer in dem alten Ligurien lebt sie besonders längs des Südabhanges der Mittelalpen; mit unbedeutenden Abänderungen kommt sie im südlichen Frankreich, in Dalmatien, im Banat, auf Sizilien und auf der Krim vor. Ihre Übersiedlung nach Deutschland wurde im Jahre 1853 durch Fräulein Prollius aus Lüneburg an Dr. Dzierzon bewirkt; der Engländer Woodbury verschickte sie 1862 nach Australien.

Die cyprische Biene wurde durch Graf Kolowrat-Krakowsky auf Schloss Hroby bei Tabor in Böhmen von der Insel Cypern zuerst im Jahre 1872 und 1874 bezogen und in uneigennütziger Weise weiter verbreitet. Die Biene ist kaum merklich kleiner als unsere einheimische; die beiden ersten Rückenbogen sind ganz, der dritte zur Hälfte orangefarbig und das Brustschildchen ist dunkelorangegelb gefärbt. Ihr Naturell ist lebhaft, weshalb sie auch sehr stechlustig ist.

Die kaukasische Biene kam zuerst im Jahre 1879 nach Deutschland; die Kaiserl. Freie ökonom. Gesellschaft zu St. Petersburg schickte Königinnen der Rasse an hervorragende Bienenzüchter Deutschlands, z. B. an W. Vogel, Rud. Dathe und auch an den Verfasser, um den Wert dieser Biene feststellen zu lassen. Die Biene ist grauweißlich behaart; die Farbe der ersten Rückenbogen ist nicht konstant, sondern bald dunkel, bald orangefarbig. Sie ist die gutartigste Biene der Erde. Ihre Anschaffung ist nicht empfohlen.

Die ägyptische Biene (Apis fasciata Latr.) ist merklich kleiner als die deutsche; ihre beiden ersten Rückenbogen erscheinen bis auf den schwarzen Saum wachsgelb; dieselbe Farbe trägt auch das Schildchen. Die Farbe der Haare ist weiß. Ihr Vaterland ist Ägypten, Arabien, Syrien und China. Der Berliner Akklimations-Verein bezog 1864 ein Volk aus Kairo und gab es W. Vogel in Pflege; leider vermag diese zierliche Biene dem europäischen Winter nicht zu widerstehen.

Die spezifisch afrikanische Biene (Apis Adanksonii Latr.) hat die Größe der ägyptischen, ist aber durch graugelbe Behaarung der Brust und des Hinterleibes von ihr unterschieden. Mit Ausnahme Algeriens und Ägyptens ist sie über Afrika bis zum Kap hin verbreitet.

Die madagaskarsche Biene (Apis unicolor Latr.) ist erheblich kleiner als die deutsche und hat eine ganz schwärzliche Behaarung. Ihr Vorkommen beschränkt sich auf Madagaskar, Bourbon und Mauritius.

Da durch Erfahrung festgestellt ist, dass deutsche, italienische und ägyptische Bienen sich erfolgreich untereinander paaren und dass die Fortpflanzung bei den Mischlingen (fälschlich Bastarde genannt) weder eine Unterbrechung erleidet, noch Unfruchtbarkeit zur Folge hat, so dürfen die angegebenen Rassen der Honigbiene nicht als Arten (Spezies) aufgestellt werden.

Eine feste Begrenzung der Rassen unserer Honigbiene besteht nicht; wir sehen vielmehr allmähliche Übergänge aus einer Rasse in die andere, und oft hat es große Schwierigkeiten, drüber zu entscheiden, welcher Rasse das Mittel- und Bindeglied beizuzählen sei. Diese Abweichungen vom Rassen-Typus haben ihren Grund in der Veränderlichkeit, welche wir auch innerhalb einer jeden Bienenrasse wahrnehmen. Dass das Klima die Hauptursache bei der Entstehung und Bildung der Rassen gewesen sei, erkennen wir sofort als eine willkürliche Annahme, wenn wir bedenken, dass sich jede Rasse unter veränderten klimatischen Verhältnissen dennoch unverändert erhält, so lange sie sich in sich selber fortpflanzt. Es ist daher ganz unstatthaft, bei den Bienen von klimatischen Rassen zu sprechen.

Über den Zweck und Wert der fremdländischen Bienenrassen ist bis jetzt viel geschrieben und gestritten worden. So viel steht unwiderleglich fest, dass die fremdländischen Rassen für die Wissenschaft der Bienenzucht einen gar hohen Wert haben. Vorzugsweise ist es die ägyptische Biene, die sich ihrer äußeren körperlichen Merkmale wegen zu wissenschaftlichen Versuchen eignet. Auch muss eingeräumt werden, dass der Farbenschmuck einzelner Rassen, z.B. der italienischen, cyprischen und ägyptischen, gar herrlich ist, weshalb die Zucht dieser Rassen Vergnügen macht. In wirtschaftlicher Hinsicht aber können wir den eingeführten Rassen keinen Vorzug vor unserer einheimischen Rasse einräumen. Wird auch zugegeben, dass die echt italienische Biene sanftmütig ist und reiche Honigerträge liefert, so sind diese Vorzüge doch gleich Null, weil die Völker in den wenigsten Fällen bei uns rein fortgezüchtet werden können, sie bereits im Juli den Bruteinschlag einstellen und infolgedessen durch Brutwaben aus deutschen Völkern für eine etwaige Spättracht verstärkt werden müssen. Erst wenn der Anfänger einen ansehnlichen Stand deutscher Völker besitzt, mag er an die Zucht einer fremden, z.B. der italienischen Rasse denken. Durch Auswahl der Zuchttiere, d. h. durch Sorge dafür, dass sich ein Weibchen (Königin) einer Rasse mit einem Männchen (Drohne) einer anderen Rasse paart, die vorteilhafte Eigenschaften an sich trägt und fortpflanzt, gelangt man zu einer leistungsfähigen Rasse oder Kultur-Rasse. Es ist nicht notwendig, dass die Kultur-Rasse eine neue Rasse sei; denn ihrer Zucht liegt einzig und allein das Prinzip der Leistungsfähigkeit und deren allmähliche Steigerung zugrunde.

3. Ist das Klima auch nicht imstande, neue Rassen zu schaffen oder irgendeine zu uns verpflanzte Rasse in die heimische hinüberzuführen, so müssen wir ihm doch einen gar erheblichen Einfluss auf die tierische Seele zugestehen. Es erhellt die Einwirkung des Klimas auf die Seelenzustände schon aus der Tatsache, dass die Biene bei kühler Witterung weniger stechlustig ist, als an heißen Tagen und bei Gewitterschwüle. Durch Erblichkeit werden die Einwirkungen, welche das Klima auf die

Tierseele ausübte, auf die nachfolgenden Geschlechter übertragen, so dass innerhalb einer und derselben Rasse, besonders wenn die Rasse in verschiedenen geographischen Gegenden lebt, Abänderungen entstehen, die durch seelische Eigenschaften von ihrer Stammrasse abweichen. Nicht minder können durch eine besondere Behandlungsweise und durch besondere Trachtverhältnisse Abänderungen in den seelischen Erscheinungen bewirkt werden, die sich dann ebenfalls vererben. Die meisten Abänderungen beruhen aber auf Anpassungsfähigkeit, d.h. jede Rasse besitzt die Anlage und Fähigkeit, auch in den seelischen Eigenschaften sich den gegebenen Verhältnissen anzupassen. Der natürlichen Auswahl ist es zu verdanken, dass sich die Abänderungen, welche zum Vorteil der Rasse ausfallen, auch erhalten und endlich über ihren Stamm zur Herrschaft gelangen. Aufgrund der Abänderungen der seelischen Eigenschaften oder des Naturells teilen wir die Rassen in Spielarten oder Varietäten ein; Größe und Farbe sind bei Feststellung der Varietäten von ganz untergeordneter Bedeutung.

Da wir es vorzugsweise mit der dunklen (deutschen) Biene zu tun haben, werfen wir einen Blick bloß auf die Varietäten dieser Rasse. Von unserer all- und altbekannten deutschen Honigbiene, die wir als den Typus der nordischen Biene hinstellen, sind drei Varietäten allgemein bekannt.

Die Heidebiene (Apis mellifica-lehzeni v. Buttel Reepen), treffen wir vorzugsweise in der Lüneburger Heide, in Oldenburg, Holstein und Schleswig an. In Größe und Farbe ist sie von der gemeinen deutschen Biene nicht zu unterscheiden. Das Besondere ihres Naturells ist ein starker Vermehrungstrieb, d.h. sie vermehrt sich stark durch Schwärme.

Die krainische Biene (Apis mellifica-var. Carnica Pollmann), vorzugsweise in Krain und den angrenzenden Ländern zuhause, zeichnet sich durch große Neigung zur Erzeugung männlicher Bienen (Drohnen) aus, und hiermit steht die große Schwärmlust im Zusammenhang.

Die g r i e c h i s c h e oder c e c r o p i s c h e Biene, auch Hymettus-Biene (Apis mellifica-var. Cecropia Kiesenwetter) genannt, ist in Griechenland zuhause. Im Altertum war diese Biene ihres Honigs wegen berühmt. Allein die Güte des griechischen Honigs rührt nicht von der griechischen Biene, sondern lediglich von den honiggebenden Pflanzen des Landes her; denn in Deutschland liefert diese Biene keinen besseren Honig als die deutsche. Ganz offenbar ist die griechische Biene eine sekundäre Abänderung unserer heimischen Rasse und steht etwa in der Mitte zwischen der deutschen und der italienischen Biene.

Da die Varietäten ihre Entstehung dem Klima, den Trachtverhältnissen usw. verdanken, so ist ganz selbstverständlich, dass sie ihre naturellen Eigenschaften verlieren und sehr bald in ihre Stammrassen zurückgehen, wenn sie ihrer Heimat entrückt werden. Es haben darum die Varietäten der Honigbiene für die Anzucht einer Kulturrasse eine nur untergeordnete Bedeutung.

C. Der Bien oder Bienenstock

Die Honigbiene lebt in großen Gesellschaften. Alle Bienen, welche zu einer Gesellschaft oder Genossenschaft gehören, nennt man das B i e n e n v o l k, kurzweg bloß das Volk. Die instinktmäßige Sorge für die Selbsterhaltung und die Erhaltung der Art betätigt sich bei dem Bienenvolk in der auffallendsten Weise; denn es führt einen W a c h s b a u auf, d. h. es baut für jedes Ei eine Zelle, und andere Zellen dienen als Vorratskammern für die Nahrungsmittel (Honig und Blumenstaub). Gegen widrige Witterungseinflüsse bedarf das Bienenvolk aber eines schützenden Stalles oder einer W o h n u n g. Die Wohnung, welche der Mensch dem Bienenvolk gibt, heißt Korb, Beute usw. Bienenvolk, Wachsbau und Wohnung bilden zusammen ein Ganzes, das wir einen B i e n e n s t o c k nennen; in neuerer Zeit ist es beliebt geworden, das Bienenvolk kurzweg den B i e n zu nennen. Im Lüneburgischen nennt man das Bienenvolk: I m m e oder S t o c k . Volk, Bau und Wohnung sind wesentliche Teile des Biens; denn auf die Dauer kann eine Bienengesellschaft ohne Bau und Wohnung nicht bestehen.

Es ist von höchster Wichtigkeit, den Bien als Organismus und das Verhältnis der einzelnen Glieder (Volk, Wachsbau und Wohnung), sowohl zum Ganzen als auch untereinander genau aufzufassen; denn soll das Volk gedeihen, so muss z.B. die Stärke desselben in einem angemessenen Verhältnis zur Größe der Wohnung stehen, und im Winter kommt es hauptsächlich darauf an, dass das Verhältnis des Baues zum Volk das richtige sei usw. Wir tun darum gut, wenn wir zunächst jedes einzelne Hauptglied des Biens näher kennen lernen.

D. Das Bienenvolk

Eine Fliege usw. kann ihr ganzes Leben hindurch als Einzelwesen bestehen, nicht aber eine einzelne Biene; fliegt diese auch auf einige Zeit aus, um Honig, Blumenstaub, Wasser oder Kitt (Propolis) zu sammeln, so kehrt sie doch immer wieder, vom Instinkt dazu angetrieben, in den Bien zurück, weil sie eben für sich allein auf die Dauer nicht bestehen kann. Eine einzelne Biene, getrennt von ihrem Volk, versucht nicht einmal, auch nur eine einzige Zelle zu bauen; nur das ganze Volk ist imstande, einen Wärmegrad hervorzubringen, bei dem die Erbrütung junger Wesen und der Bau der Zellen möglich sind, und nur ein starkes Volk kann einen Teil seiner Einzelwesen als junges neues Volk abgeben. Das Volk, welches eine neue Bienenkolonie aussendet, nennt man Muttervolk oder Mutterstock; die ausgetriebene Kolonie heißt S c h w a r m .

Betrachten und untersuchen wir ein Bienenvolk, wenn es auf der Höhe seiner Entwicklung und Entfaltung steht, so bemerken wir in ihm dreierlei verschiedene Bienenwesen: die Drohnen, eine Königin und viele Arbeitsbienen. Diese dreierlei Bienenwesen können nur in Gemeinschaft als Ganzes bestehen und sich fortpflanzen. Eine Königin ohne Arbeitsbienen und Drohnen, Arbeitsbienen ohne Königin und Drohnen und ohne Königin und Arbeitsbienen sind nicht lebensfähig. Die verschiedene Körpergestalt dieser dreierlei Wesen springt sofort in die Augen. Die Drohne ist stachellos und dicker als die Königin und Arbeitsbiene, aber kürzer als die Königin. Die Königin hat einen krummen Stachel und ist länger als die Drohne und in der Regel auch bedeutend länger als die Arbeitsbiene. Die Arbeitsbiene hat einen geraden feinen Stachel und ist das kleinste Wesen im Volk. Die Drohnen sind männlichen, die Königinnen und Arbeitsbienen weiblichen Geschlechts.

1. Die Drohne

Die Drohne hat ihren Namen von dem dröhnenden Ton, welchen sie im Flug hören lässt. Dass der Name Drohne das weibliche Sprachgeschlecht hat, rührt daher, dass man in älterer Zeit diese Wesen irrtümlich für die Weibchen des Bienenvolkes ansah. Der Name Holmbiene, welcher so viel wie höhere oder hervorragende Biene bedeutet, ist Provinzialismus. In alten Bienenschriften heißen die Drohnen gewöhnlich Brutbienen, weil man in älterer Zeit glaubte, sie pflegten und fütterten die Larven. Der Name Wasserbiene erinnert daran, dass man früher annahm, sie trügen Wasser ein; allein noch kein Sterblicher hat je eine Drohne beim Wassereintragen bemerkt. Überhaupt nehmen die Drohnen an den Arbeiten des Volkes gar keinen Anteil: sie sind vollkommen ausgebildete Männchen, und ihre einzige Bestimmung ist, erbrütete junge Königinnen zu begatten. Der Beweis für die Mannheit der Drohnen ist einmal durch anatomische Untersuchungen und dann durch die Lebensgeschichte der Drohnen zu führen.

Die Zeugungswerkzeuge der Drohne beginnen mit den Hoden. Dies sind zwei röhrige Drüsen, welche eine bohnenförmige Gestalt haben und im Hinterleib dicht unter dem Hautskelett über den Eingeweiden liegen. In jeder Drüse zählt man 200 bis 230 Röhrchen oder Samenkanälchen. Während bei den Haustieren die Hoden erst zur Zeit der Mannbarkeit und bei den wild lebenden Säugetieren nur zur Brunstzeit tätig sind, verrichten sie bei der Drohne ihre Funktion schon in der letzten Zeit des Puppenschlafes. Sie bereiten dann eine Substanz, die man den tierischen Samen (sperma) nennt. Dem unbewaffneten Auge erscheint der Samen als eine weißliche, dickliche und undurchsichtige Flüssigkeit; unter dem Mikroskop aber erkennen wir in dieser Flüssigkeit zahllose Körperchen, welche man Samenkörperchen oder Samenfäden nennt. Die Samenfäden der Drohne, wie die der Insekten überhaupt, haben eine dünne, fadenförmige Gestalt und zeigen im ausgebildeten Zustand eine ziemlich lebhafte, schlängelnde Bewegung. Ihrer freien und scheinbar willkürlichen Bewegung wegen hielt man diese Fäden lange Zeit hindurch für mikroskopische Tierchen und nannte sie Samentierchen. Samenflüssigkeit, in der sich die Samenfäden nicht mehr vorfinden oder sich nicht mehr bewegen, hat keine befruchtende Kraft mehr, woraus wir erkennen, dass die Samenfäden die Träger des befruchtenden Prinzips im Samen sind.

Sobald die Samenfäden in den Hoden (Abb. 1 a, a) vollständig ausgewachsen sind, treten sie in den paarigen Samenleiter (b, b) ein, weshalb die Hoden der flüggen Drohnen zu zwei nierenförmigen Körpern zusammenschrumpfen.

Die beiden Samenleiter erweitern sich weiter unten walzenförmig, verengen sich aber bald wieder; in den Erweiterungen (c, c) verweilen die Samenfäden einige Zeit hindurch, und erst dann treten sie in den unpaarigen Samenleiter (d) ein. Neben den paarigen Samenleitern liegen zwei schlauchartige Drüsen, Anhangsdrüsen (e, e) genannt, welche in das obere Ende des unpaarigen Samenganges münden. Sie liefern einen weißlichen Schleim, der die Samenfäden zu einem Samenpropfen (Spermatophore) verbindet. Eine Spermatophore besteht demnach aus

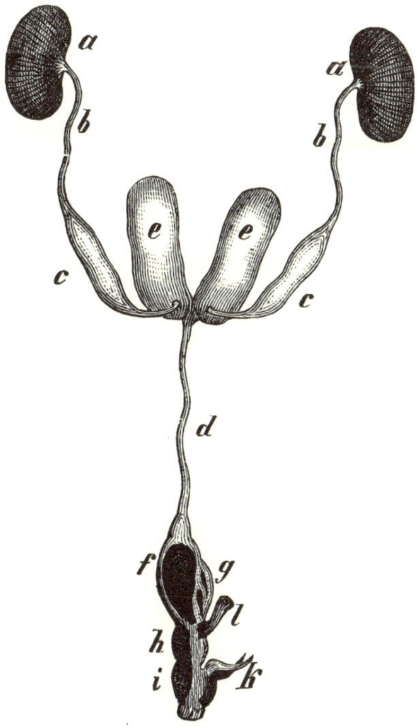

Abb. 1. Geschlechtsorgane der Drohne

a, a die beiden Hoden; b, b der paarige Samenleiter; c, c Erweiterungen der paarigen Samenleiter; d der unpaarige Samenleiter; e, e die beiden Anhangsdrüsen; f eine Spermatophore; g die beiden Hornschuppen der Peniszwiebel; h Querbogen an der Bauchseite und l kolbenförmiger Blindschlauch auf der Rückenseite am Mittelstück der Penis; i der Bauchfleck; k die so genannten Hörnchen den schwach gelblichen Samenfäden und der stark weißlichen Umhüllung, welche den Anhangsdrüsen entstammt. Eine solche Spermatophore sehen wir in (f), wo sie den unpaarigen Samenleiter bauchig aufgetrieben hat. Der hintere Abschnitt des unpaarigen Samenleiters ist der Penis. In dem Anfangsteil des Penis, der Zwiebel oder Linse, verweilt die Spermatophore, bis sie bei der Begattung verbraucht wird. An der Rückseite hat die Peniszwiebel zwei Hornschuppen (g). Das Mittelstück hat an der Bauchseite einige bräunliche Querbogen (h), an der Rückseite aber einen einfachen Fleck und einen kolbenförmigen Blindschlauch (l). Das Endstück des Penis trägt an der Bauch- und Rückenseite einen bräunlichen Fleck; der Bauchfleck (i) rührt von denselben bräunlichen Haaren her, welche wir an der inneren Fläche des Mittelstücks bemerkten; der Rückenfleck aber ist eine schuppenförmige Zeichnung. Neben dem Rückenfleck gehen zwei Blindschläuche (k) ab; dies sind die so genannten Hörnchen.

Übt man einen Druck auf die Brust der Drohne aus, so springt der Penis hervor, d. h. stülpt um; das Endstück stülpt zuerst, die Peniszwiebel zuletzt um. Bei der Begattung übt die Drohne durch Zusammenziehung der Bauchwand einen Druck auf den Penis aus, wodurch seine Umstülpung bis auf die Zwiebel bewirkt wird, sodass die in der Zwiebel befindliche Spermatophore frei wird.

Schon Swammerdam, ein berühmter holländischer Naturforscher, wies vor 200 Jahren durch anatomische Untersuchungen die Mannheit der Drohne nach; allein die Bienenzüchter nahmen von seinen wissenschaftlichen Forschungen keine Notiz und stritten mit nichtigen Gründen gegen die Lehre von der Mannheit der Drohne. Weil die Drohnen im Bienenvolk eine scheinbar höchst untergeordnete Rolle spielen, wollte man sich lange Zeit hindurch nicht entschließen, ihre Mannheit anzuerkennen. Es ist allerdings wahr, dass in den höheren Tierklassen die Männchen das mutigere Geschlecht sind und angemessene Verteidigungsmittel besitzen; aber Tatsache ist, dass die Drohnen Männchen sind, obgleich ihnen die Natur weder Tatkraft noch Verteidigungsmittel verliehen hat. Die einzige Bestimmung der Drohnen ist, die jungen Königinnen zu begatten, und die Erfahrung lehrt, dass keine Königin fruchtbar wird, wenn Drohnen fehlen. Wurden im zeitigen Frühjahr oder im Spätherbst Königinnen fruchtbar, so waren einzelne Drohnen vorhanden, die man nicht bemerkte. Da nun ohne Drohnen junge Königinnen nicht fruchtbar werden, so sind die Drohnen notwendige Wesen im Bienenvolk. So lange keine Königin zu begatten ist, sind sie allerdings nutzlos; der rationelle Züchter wird daher eine massenhafte Erbrütung von Männchen zu verhindern suchen. Allein schonungslos alle Drohnen zu vertilgen und ihre Erbrütung zu verhindern, wäre ein Kampf gegen die Existenz der Biene, da ohne Drohnen die Bienen gar bald von der Erde verschwinden würden. Drohnen können erzeugt werden aus Eiern einer normal befruchteten Königin, aus Eiern einer unbefruchteten Königin und aus Eiern einer Arbeitsbiene. Alle diese Drohnen sind begattungsfähig.

2. Die Königin

Befindet sich das Bienenvolk in ordnungsmäßigem Zustand, so lebt in ihm nur eine einzige Königin. Weil sie die Eier zu allen Bienenwesen legt, heißt sie die Mutter des Volkes (Bienenmutter), obgleich sie sich um das gelegte Ei nicht mehr bekümmert. In älterer Zeit glaubte man irrtümlich, die Königin sei ein Männchen und regiere das Volk, weshalb man sie König nannte; erst als man ihre weibliche Natur erkannt hatte, legte man ihr den Namen Königin bei. Weil man früher auch der Ansicht war, dass bei einem Schwarm die Königin voran fliege und dem Volk den einzuschlagenden Weg weise, nannte man sie Weiser oder Weisel (Wieser, Weisler, Wiesel, Wesel). Der Name Weisel ist noch gebräuchlich und bildet das Bestimmungswort einiger zusammengesetzter Wörter, z.B. Weiselhäuschen, Weiselzelle usw.

Die Frage nach dem Geschlecht der Königin ist auf anatomischem und mikroskopischem Weg sehr leicht zu entscheiden. In dem Hinterleib der Königin liegen dicht unter dem zweiten und dritten Rückenbogen zwei fast herzförmige Körper, deren Spitzen dem Kopf der Königin zugekehrt sind; es sind dies die keimbereitenden Organe oder die Eierstöcke. Sie gehören ebenfalls zu den röhrigen Drüsen; denn jeder Eierstock besteht aus einer beträchtlichen Zahl (180 bis 200) zarter Kanälchen, Eiröhren, welche von der Spitze des Eierstockes ausgehen und am unteren Ende desselben wieder zusammenstrahlen. Durch eine äußerst feine Haut, welche von vielfach unter sich verschlungenen Luftgefäßen umsponnen ist, werden die Kanälchen jedes Eierstockes zusammengehalten. Ist die Königin flügge und bereits begattet, so bilden sich in den zugespitzten Enden der Eiröhren, in dem so genannten Keimfach, helle Bläschen, die sich nach abwärts senken und zu Eiern entwickeln. Das Vorhandensein der Eierstöcke im Leib der Königin, und die Entwicklung von Eiern in denselben ist der schlagende Beweis für die Weiblichkeit dieses Wesens.

Die Eiröhren jedes Eierstockes (Abb. 2 a,a) münden in einen paarigen Eileiter, der Gestalt wegen Trompeten (b, b) genannt. Endlich vereinigt sich der paarige Eileiter bei (c) in einen gemeinsamen Eingang (c), der nur sehr kurz ist und in die Scheide oder Öffnung mündet. An der Stelle, wo der einfache Eileiter in die Scheide eintritt, mündet in denselben eine sehr feine Röhre, welche aus einem kleinen Bläschen, der so genannten Samentasche (receptaculum seminis) kommt. Das Bläschen (d) besitzt etwa die Größe eines Hirsekorns und hat die Bestimmung, den bei der Begattung der Drohne erhaltenen Samen aufzunehmen und bis zum Verbrauch aufzubewahren. Die Oberfläche der Tasche ist mit Luftgefäßen netzförmig umsponnen, die ihr ein weißliches Aussehen geben; auch liegt eine paarige Anhangsdrüse

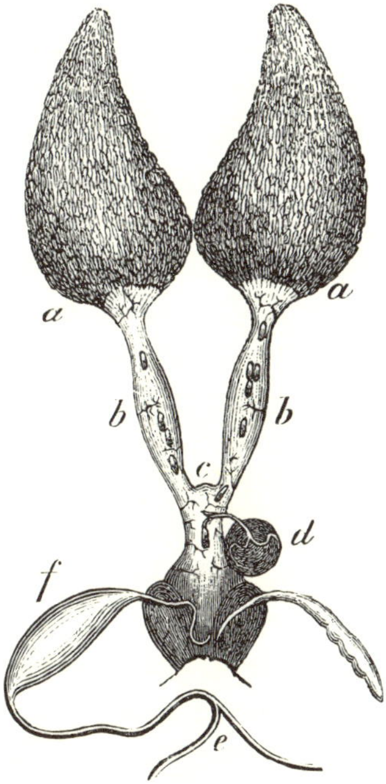

Abb. 2. Geschlechtsorgane der Königin
a, a die beiden Eierstöcke; b, b die Trompeten; c der unpaarige Eileiter; d die Samentasche oder das Samenbläschen; e die Giftdrüsen; f die Giftblase

gekrümmt auf ihrer Oberfläche; der Stoff, welchen die Anhangsdrüse absondert, mischt sich dem Samen bei. Die Ausflussröhre der Samenblase enthält im Innern eine eigenartige Vorrichtung, die man mit einer Saugpumpe vergleichen kann und die es ermöglicht, dass immer nur wenige Samenfäden zu dem im Eileiter vorübergleitenden Ei gelangen können. Prof. Dr. Breßlau nennt diese Vorrichtung bezeichnenderweise „Spermapumpe".

Ist der paarige Eierstock in voller Tätigkeit, so erblicken wir in dem oberen Teil jeder Eiröhre mehr oder weniger entwickelte Eikeime und im unteren Teil, der den Trompeten zugekehrt ist, finden wir ein bis zwei Eier. Nach und nach verlassen die Eier den Eierstock. Notwendig ist es, an dem Bienenei noch eine besondere Vorrichtung kennen zu lernen. Betrachten wir das Ei unter einem guten Mikroskop, so bemerken wir an dem Ende, welches in den Eileitern dem Kopf der Königin zugekehrt war, eine kleine Öffnung, Samenmund oder Mikropyle genannt. Es ist von Wichtigkeit zu merken, dass alle Eier, welche die Königin legt, den Samenmund haben. Während der letzten Zeit des Aufenthaltes in der Eiröhre erhält das Ei noch einen äußeren Überzug von eiweißartiger Beschaffenheit; dieser Überzug hält es, wenn es gelegt ist, am Boden der Zelle fest, so dass es ziemlich aufrecht steht und nur etwas seitwärts gerichtet ist.

Die Rückenwand der Scheide grenzt nach hinten an den Stachelapparat, der im Innern des Körpers zwischen der Geschlechtsöffnung und dem After liegt; er umfasst die Giftdrüsen (e), die Giftblase (f) und den Stachel. Entfernt man die fruchtbare Königin aus ihrem Volk, so wird so lange kein Ei mehr gelegt, aus dem sich eine Königin oder eine Arbeitsbiene entwickeln kann, bis endlich wieder eine fruchtbare Mutter im Volk vorhanden ist. Da die Königin die Eier zu allen drei verschiedenen Bienenwesen legt, so ist sie das einzige vollkommen entwickelte Weibchen im Bienenvolk. Nur ausnahmsweise und dann immer unter regelwidrigen Verhältnissen findet man zwei fruchtbare Königinnen in einem Volk.

3. Die Arbeitsbienen

Die kleinsten Wesen des Bienenvolkes sind die Arbeitsbienen, Arbeiterinnen, Werkbienen, Flugbienen, kleine Bienen, kurzhin bloß Bienen und Immen genannt. Sie verrichten alle Arbeiten innerhalb und außerhalb des Stockes, weshalb nur d a s Volk reichen Ertrag liefern kann, welches möglichst viele Arbeitsbienen hat. Das Hauptbestreben des Imkers muss darum hauptsächlich darauf gerichtet sein, zu allen Zeiten recht starke Völker zu besitzen.

Swammerdam behauptete, dass die Arbeitsbienen geschlechtlich unentwickelt seien und nannte sie geradezu Verschnittene (Eunuchi). Die wahre Natur der Arbeitsbienen erkannte man erst zu Anfang des vorigen Jahrhunderts durch anatomische resp. mikroskopische Untersuchungen.

Mit voller Sicherheit folgern wir die weibliche Natur der Arbeitsbienen aus dem Vorhandensein weiblicher Geschlechtsorgane. Zergliedern wir eine Arbeitsbiene, so erkennen wir unter dem Mikroskop den Eierstock, den paarigen Eileiter, den unpaarigen Eileiter und die Scheide. Aber alle diese Organe sind bei der Arbeitsbiene im höchsten Grad verkümmert. Der Eierstock besteht jederseits nur aus wenigen Eiröhren. Die Samentasche, obgleich vorhanden, ist doch in so hohem Grad verkümmert, dass sie sich zur Aufnahme von Samen nicht eignet. Die Scheide ist so eng, dass sie den Penis nicht aufnehmen kann; es ist daher der Arbeitsbiene geradezu unmöglich, sich mit einer Drohne zu paaren.

In weisellosen Bienenstöcken kommt es häufig vor, dass Arbeitsbienen Eier absetzen. Da aber im regelrechten Zustand des Volkes die Königin die alleinige Eierlegerin ist, so sind eierlegende Arbeitsbienen oder so genannte Afterweisel Regelwidrigkeiten. In der Gestalt unterscheiden sich die Afterweisel nicht von den gewöhnlichen Arbeitsbienen. Sicherlich verlegen sich nur solche Arbeitsbienen aufs Absetzen von Eiern, deren Eierstöcke sich infolge reichlicher Fütterung mehr entwickelt haben als die der anderen. Ausnahmslos entwickeln sich aus den Eiern, welche von Arbeitsbienen gelegt wurden, nur Männchen oder Drohnen.

Die weibliche Natur der Arbeitsbienen erhellt ganz unzweifelhaft auch aus der Anwesenheit des Stachelapparates, der im Innern des Hinterleibes dieser Wesen liegt. Der Stachel, welcher der Arbeitsbiene als Waffe dient, ist gerade und besitzt eine größere Anzahl von Widerhaken als der der Königin.

Die Arbeitsbienen sind also in geschlechtlicher Hinsicht unvollständig entwickelte Wesen und zwar unvollständig entwickelte Weibchen.

Die Arbeiten innerhalb des Stockes und Volkes werden vorzugsweise von den jungen Arbeitsbienen besorgt. Sie erzeugen Wachs und bauen die Zellen; für die aus den Eiern geschlüpften Larven bereiten sie Futtersaft. Im zeitigen Frühjahr und wenn sonst junge Bienen im Volk nicht vorhanden sind, verrichten die älteren Bienen die Arbeiten der jungen. Vorzugsweise sind es die jungen Bienen, welche Wärme erzeugen. Außerdem reinigen die Arbeitsbienen den Stock von dem Gemülle, den toten Bienen usw., putzen und glätten die Innenwand der Wohnung und schützen ihr Nest gegen Feinde, welche einzudringen versuchen.

Die Arbeiten außerhalb des Stockes besorgen die älteren Arbeitsbienen, die deshalb Tracht und Flugbienen genannt werden. Vermögen auch die Trachtbienen die Arbeiten der jungen Bienen zu verrichten, so können doch die jungen Arbeiterinnen nicht die Arbeiten der Trachtbienen ausführen; auch durch die Not werden die jungen Bienen nicht getrieben, vor dem 14. bis 18. Tag ihres Lebens Arbeiten außerhalb des Stockes zu besorgen. Die hauptsächlichsten Arbeiten der Flugbienen sind das Sammeln und Eintragen des Honigs und Pollens, des Kittes und des Wassers.

Die Arbeitsbienen sammeln nicht bloß den Nektar der Blumen, sondern auch andere Süßstoffe, wie z.B. den Saft süßer

Früchte usw. Sie lecken die süßen Säfte nicht auf, sondern saugen sie ein. Sie bedienen sich dabei der Zunge, welche in ihrer ganzen Länge mit Haaren besetzt ist. In den Haaren setzt sich der Nektar fest und wird beim Zurückziehen der Zunge abgestreift, in den Mund genommen und dann durch die Speiseröhre in die Honigblase verschluckt, welche im Hinterleib unter den ersten Rückenbogen liegt. Ist die Honigblase mit Nektar angefüllt, fliegt die Biene nach Hause und ergießt ihn durch die Speiseröhre und den Mund in die Zelle.

Beim Einsammeln des Blumenstaubes (Pollen) gebraucht die Biene vorzugsweise ihre Füße. Mit der Zunge bürstet sie den Pollen von den Staubbeuteln der Blüten ab, und um ihn klebfähig zu machen, feuchtet sie ihn aus dem Mund mit Honig (und Speichel) an; jetzt erfasst sie den Pollen mit den Oberkiefern und schnellt ihn mit den Vorder- und Mittelfüßen an die Schienbeine der Hinterfüße, wo sie ihn zu kleinen Bällchen, den so genannten Höschen formt. Während die Biene kreisend und schwirrend vor der Blume fliegt, sieht man, wie schnell die beiden ersten Fußpaare arbeiten, um die Höschen zu formen. Da sich die Biene, während sie in der Blüte krabbelt, mit Pollen bepudert, so fährt sie mit den Beinen über den Leib, um den Pollen abzustreifen. Beide Höschen werden stets ganz gleichmäßig groß und schwer gemacht. Im Stock wird der meiste Pollen in der Nähe der Brut aufgespeichert. Die Arbeitsbiene besorgt durch das Einsammeln des Blütenstaubes die Befruchtung vieler Pflanzen und nützt dem Landwirt in hohem Maße. Es ist fraglich, ob der indirekte Nutzen der Biene nicht größer ist, als der direkte.

Die Arbeitsbienen tragen auch Kittharz ein, das sie auf verschiedenen Pflanzen, z.B. den Knospen der Kastanien, Pappeln, Birken, Erlen usw. reichlich finden. In Zellen lagern sie die Harzhöschen nicht ab, sondern tragen sie gleich an d e n Ort, wo sie verwendet werden sollen. Sie verstopfen damit alle Ritzen, Fugen und Spalten ihrer Wohnung, ja überziehen die ganze Innenfläche derselben damit, weshalb man es Stopfwachs nennt. Weil sie mit diesem Harz auch ihre Zellen an die Wände der Wohnung fester ankleben, heißt es Klebwachs; Propolis oder Vorbau nennt man es, weil sie mit ihm im Herbst zu große Fluglöcher verengen. Tiere, z.B. Käfer usw., welche in den Bienenstock eindrangen, darin den Tod fanden und von den Bienen nicht herausgeschafft werden können, überziehen die Arbeiter ebenfalls mit Klebwachs.

Wasser brauchen die Bienen, um ihren Durst zu löschen und um zu dickflüssigen und verzuckerten Honig wieder flüssig zu machen. Sie saugen es mit der Zunge an Gräben, Pfützen und betauten Pflanzen usw. auf. In Zellen sammeln sie das Wasser nicht an, sondern teilen es sich gegenseitig mit oder verwenden es sofort, um Honig flüssig zu machen. Im Winter tränkt man die Bienen im Stock; unbedingt notwendig ist das Tränken, wenn die Bienen nur kristallisierten Honig haben. Rapshonig ist im Winter immer fest kristallisiert.

E. Die Entwicklungsgeschichte der verschiedenen Bienenwesen

Aus jedem weiblichen Ei, d. h. aus einem solchen, das von der Königin gelegt, aber vorher befruchtet wurde, kann eine junge Königin erbrütet werden. Zur Entwicklung der Eier ist ein gewisser Grad von Wärme erforderlich: sie bedürfen der Bebrütung. In der Regel bemerkt man im Brutnest eine Wärme von 32 bis 35° C. In einer geringeren Wärme verzögert sich die Entwicklung des jungen Wesens im Ei. Bei normaler Bebrütung entwickelt sich unter sonst günstigen Bedingungen in drei Tagen im Ei ein junges Tier, das die Eischale öffnet und nun Made oder Larve heißt. Jede Larve, welche die Bienen erwählen, um eine Königin daraus zu erbrüten, wird von den Arbeitsbienen nur mit feinstem Futtersaft gefüttert, den die brütenden Bienen in ihren Leibern bereiten, Königin, Arbeitsbiene und Drohne verbleiben etwa 6 Tage im Larvenzustand.

Ist die Zelle von den Arbeitsbienen bedeckelt, so nimmt die Larve keine Nahrung mehr zu sich, sondern spinnt sich einen Kokon. Es ist dies das so genannte Nymphenhäutchen. Der Kokon der Königin lässt den Hinterleib frei, ist also ein Halbkokon. Das junge Wesen heißt jetzt Nymphe oder Puppe und verwandelt sich in ein vollkommenes Insekt. Der Zellendeckel besteht aus Wachs und Pollen, er lässt also die nötige Luft durch. Bei den Arbeitsbienen ist der Zellendeckel flach, bei den Drohnen- und Königinzellen sehr stark gewölbt. Die Zeitdauer des Nymphenzustandes der Königin beträgt in der Regel 7 Tage; die Arbeitsbiene ist dagegen 12 oder die Drohne 15 Tage Nymphe.

Alle drei Bienenwesen öffnen ihre Zellen selbst, indem sie die Deckel mit ihren Fresszangen von innen heraus aufbeißen. Die Königinnen kommen in der Regel flügger als die Arbeitsbienen und Drohnen aus den Zellen.

Die Dauer der Entwicklung vom Moment des gelegten Eies an bis zum Ausschlüpfen des Insekts aus der Zelle beträgt bei der Königin 16 Tage. Die Zeitdauer, innerhalb welcher sich die beiden anderen Bienenwesen in der Regel ausbilden, kann man für die Arbeitsbiene auf 21 und für die Drohne auf 24 Tage angeben. Niemals sahen wir eine Königin vor dem 16. Tag, vom Moment des gelegten Eies an gerechnet, von selbst aus der Zelle schlüpfen.

Nicht bloß aus jedem Ei, das von einer begatteten Königin befruchtet in eine Arbeitszelle gelegt wurde, kann eine Königin erbrütet werden, sondern auch aus jeder Arbeiterlarve; dies ist sogar dann noch möglich, wenn die Larve bereits so weit gewachsen ist, dass sie dem Bedeckeln nahe ist. In der Regel erwählen die Arbeiter 2-3 Tage alte Arbeiterlarven, um Königinnen daraus zu erbrüten; über vier und fünf Tage alte Larven nehmen die Bienen nur, wenn sie jüngere Larven nicht haben. Entweiselt man ein Volk, so kann schon nach neun Tagen eine junge Königin in ihm ausgeschlüpft sein; in der Regel aber läuft die Königin erst nach elf Tagen aus, so dass sie sich am zwölften Tag nach der Entweiselung frei im Stock befindet. Eine aus einer Arbeiterlarve gezogene Königin heißt Notkönigin. Sie ist in der Regel kleiner als die in Königinzellen aus dem Ei erzogenen Königinnen.

F. Das Alter der drei Bienenwesen

Die Arbeitsbienen, welche im Herbst eingewintert werden, leben mindestens 6 Monate.

Die Drohnen werden solange im Stock geduldet, als Tracht ist. Tritt aber eine Trachtpause ein, dann drängen die Arbeitsbienen die Drohnen vom Honig ab und treiben sie aus dem Stock (Drohnenschlacht). Sie verhungern.

Die Königin erreicht ein Alter von 4-5 Jahren. Lässt man die Königin so alt werden, so legt sie schließlich nur noch Drohneneier.

G. Nahrung der drei Bienenwesen

Sämtliche Larven erhalten in den ersten drei Tagen Futtersaft. Gegen den 5. Tag, wenn die Larve den Kopf nach oben streckt, wird den Maden der Arbeitsbienen Futtersaft mit Honig und Pollen gereicht. Vom 6. Tag an erhalten die Larven nur Honig mit Pollen gemischt und zwar soviel, als die Nymphe bis zum Ausschlüpfen aus der Zelle bedarf. Die Königin erhält bis zum Ausschlüpfen nur verdickten Futterbrei. Letzterer enthält bei allen drei Wesen 4 % Weinsteinsäure. Die Drohnen nehmen nur Honig zu sich, die Arbeitsbienen aber Honig mit Pollen vermischt (Bienenbrot). Im Winter aber verzehren auch sie nur Honig.

H. Geschlechtstrieb, Begattung und Befruchtung

Der Geschlechtstrieb (Begattungslust, Brunst) äußert sich bei der Königin durch eine eigentümliche Unruhe und durch wiederholte Ausflüge in den schönsten Tagesstunden; an den Drohnen bemerken wir äußere Zeichen der Brunst nicht. Nächstes Ziel der Brunst ist die Befriedigung des tierischen Wollustgefühls; höchster und letzter Zweck derselben aber ist die Erhaltung der Art.

Die Dauer der Brunstzeit hängt von der individuellen Kräftigung der Königin und anderer noch unbekannten Verhältnissen ab; bei den meisten Exemplaren hält die Brunst sechs bis acht Wochen an. Einmal erloschen, regt sich die Brunst nie wieder. Kam die Königin mit einem Männchen (Drohne) auch nicht in Berührung, so tritt in der Regel ihr Eierstock nach sechs bis acht Wochen dennoch in Tätigkeit und die Eier, welche von einer jungfräulichen Königin gelegt werden, sind entwicklungsfähig, entwickeln sich aber ausnahmslos zu Drohnen. Man nennt diese wunderbare Erscheinung im Insektenleben die Parthenogenesis. Königinnen, welche bloß Drohneneier zu legen vermögen, haben für die Zucht keinen Wert und müssen darum beseitigt werden.

Den ersten Ausflug hält die junge Königin bei günstiger Witterung mitunter schon am dritten Tag ihres Insektenlebens, in der Regel aber erst am fünften Lebenstag. Die Paarung mit einer Drohne (Begattung) erfolgt nur außerhalb des Stockes und wahrscheinlich hoch in der Luft in größerer Entfernung vom Stock. Bei der Begattung ergießt die Drohne den Samen zunächst in die Scheide der Königin, und aus dieser gelangt er in das Samenbläschen. Kehrt die Königin von dem Ausflug zurück, auf dem sie sich paarte, so ist ihr Hinterleib weit aufgesperrt; denn es steckt eine Samenpatrone darin und häufig auch der Drohnenpenis oder doch ein Teil desselben. Nach vollzogener Begattung verlässt die Königin ihren Stock freiwillig nie mehr, außer beim Schwärmen oder wenn aus irgendeinem

Grund das ganze Volk die Wohnung verlässt. Reinigungs- und Belustigungsausflüge hält die Königin nie; ihren Unrat gibt sie im Stock in Gestalt eines Tropfens von sich, der von den Arbeitsbienen, um beseitigt zu werden, sofort aufgesaugt wird.

Die Befruchtung ist ein von der Begattung wesentlich verschiedener und zeitlich getrennter Akt. Sie besteht darin, dass die Königin während des Legens den in der Samentasche aufbewahrten Samen mit dem Ei in Berührung bringt. Wir wiederholen, dass das obere Ende des Eies eine kleine fächerförmige Figur mit etwa zwölf Strahlen hat, welche die Mikropyle oder der Samenmund heißt, und dass alle Eier, welche die Königin legt, den Samenmund haben. Treten Samenfäden aus den Samenbläschen in den Eileiter, so dringen sie durch die Mikropyle in den Dotter des Eies ein. Das befruchtende Ei entwickelt sich ausnahmslos zu einem weiblichen Wesen (Königin oder Arbeitsbiene). Das von der Königin unbefruchtet gelegte Ei entwickelt sich ausnahmslos zu einer Drohne. Die im Eidotter zerfließenden Samenfäden verwandeln also das im Ei vorgebildete männliche Geschlecht in das weibliche. Da im regelrechten Zustand des Volkes die Königin die alleinige Eierlegerin ist, so besitzt sie die Fähigkeit, männliche und weibliche Eier je nach Stärke und Geschlechtsbestimmung des Volkes zu legen.

Mit der Eierlage beginnt die begattete Königin in der Regel am dritten Tag nach der Begattung. Sobald sie befruchtete Eier absetzt, ist ihre Anzucht beendet.

I. Die Sinne der Biene

Die Biene hat 5 Sinne.

Die Biene hat zusammengesetzte und einfache Augen (S. S. 1). Ebenfalls kann die Biene hören. Wo der Sitz des Gehörs bei der Biene ist, kann mit Bestimmtheit noch nicht nachgewiesen werden. Beobachtungen lassen jedoch darauf schließen, dass sich die Gehörorgane in den Fühlern befinden. Am entwickelsten ist der Geruchssinn. Ebenfalls sind Geschmacks- und Gefühlssinn vorhanden. Großartig ist der Ortssinn bei sämtlichen drei Bienenwesen vertreten.

K. Das Atmen der Biene

Die Biene atmet nicht durch Lungen, sondern durch Luftlöcher (Stigmen), welche sich an der Seite des Bruststückes und des Hinterleibes befinden. An der Brust sitzen an jeder Seite drei und an jedem Hinterleibsring ein Luftloch. Durch die 10 Paare Luftlöcher führt die Biene dem Körper den erforderlichen Sauerstoff und die zum Fliegen nötige Luft zu.

L. Bau-, Brut- und Sammeltrieb der Biene

Die Biene wird im Laufe des Frühlings und Sommers von einem der drei Triebe beherrscht. Bau- und Bruttrieb müssen im Frühling unterstützt werden durch spekulative Fütterung, damit die Völker bei Beginn der Volltracht sehr volksstark sind und die Tracht gut ausnützen können. Befördert der Züchter den Bau- und Bruttrieb nicht, dann beginnen die Bienen erst bei Beginn der Volltracht damit. Nach Beendigung der Tracht hat der Imker Riesenvölker, aber keinen Honig.

M. Tracht- und Brutpausen

Die Brutpausen folgen stets den Trachtpausen. Tritt eine Regen- und Kälteperiode ein, so dass die Bienen nicht auf Tracht ausfliegen können, dann stellt die Königin die Eierablage sofort ein. Folgen noch eine oder mehrere Volltrachten, muss der Züchter in den Zwischenpausen den Bienen Futter reichen. Geschieht dies, so fährt das Volk im Zellenbau und die Königin in der Eierablage fort. Solche Völker können die kommende Tracht voll ausnutzen. In Gegenden ohne Spättracht ist die Fütterung der Bienen Ende August zu empfehlen, damit recht viele junge Bienen mit in den Winter genommen werden.

N. Krankheiten der Biene

1. Die Faulbrut

Die Biene ist, wie jedes Tier, Krankheiten unterworfen. Die gefährlichste Bienenkrankheit ist die Faulbrut, Brut- oder Bienenpest. Sie ist eine Krankheit der Brut. Zuerst sterben die unbedeckelten Larven ab, gehen in eine breiige Masse über, die endlich zu einer schwarzbraunen Kruste eintrocknet. Dem Flugloch entströmt jetzt ein fauliger Geruch. Bald aber greift die Krankheit weiter um sich, und es sterben auch die schon bedeckelten Larven, bevor sie einen Kokon spinnen. Die faule Masse ist jetzt schleimig und trocknet in etwa 14 Tagen zu einer schwärzlichen Kruste zusammen, welche an der unteren Seite der Zelle liegt und von den Bienen nur dadurch entfernt werden kann, dass sie die Zellenwände abnagen. Schnell greift die Pest um sich, besonders im Juli und August; das Volk wird bald so schwach, dass es die Zellen nicht mehr reinigt und geht nun den Weg alles Fleisches.

Als Erreger der Faulbrut betrachtet man gegenwärtig den Bacillus brangenburgiensis Maaßen. Stirbt Brut in einem Bienenvolk aus irgendeinem Grund ab und unterbleibt das Beseitigen der Leichen, so geht die tote Masse in Fäulnis über und die Bazillen haben nun einen fruchtbaren Boden im Bienenstock gefunden. Endlich ist der ganze Stock, dessen Luft, Waben, Honig und Pollen mit Bazillenkeimen geschwängert, und die Krankheit herrscht im fürchterlichsten Grade.

Dass die Faulbrut eine höchst ansteckende Krankheit ist, erhellt schon aus dem Wesen der Bazillen. Um die Faulbrut zu beseitigen, nützen alle bisher angewandten antiseptischen Mittel nichts. Das einfachste und billigste Mittel, die Faulbrut auf dem Bienenstand zu bekämpfen, ist das Abschwefeln der von der Faulbrut befallenen Völker.

Bemerkt man die Faulbrut in einem Volk, so zögere man nicht und kassiere das Volk sofort, bevor noch andere Völker angesteckt werden. Man töte und vergrabe die Bienen und schmelze Honig und Wachs sofort aus; denn eine Hitze über 80°C tötet die Bakterien. Die Wohnung brenne man mit der Stichflamme einer Lötlampe aus und wasche die Wände mit Formalin, das auch etwa noch vorhandene Bazillen tötet.

Außer dieser sehr gefährlichen Bienenkrankheit kennt man noch die sog. gutartige Faulbrut (Sauerbrut, Brutfäule), die durch Streptococcus apis bzw. durch Bacillus alvei hervorgerufen wird. Wenn diese Krankheitserscheinung im Allgemeinen auch nicht so verheerend auftritt, wie die Brutpest oder Brutseuche, so ist dem Anfänger doch ganz entschieden abzuraten, sich nicht mit Heilversuchen zu befassen, sondern gründlich mit der Krankheit aufzuräumen. Die genaue Unterscheidung der verschiedenen Krankheitsformen kann nur ein Sachverständiger vornehmen.

2. Die Stein- und Kalkbrut

Seit einer Reihe von Jahren hat man zwei Krankheitserscheinungen beobachtet, bei denen die Brut nicht faul wird und sich in eine schleimige Masse auflöst, sondern sich mit einem Schimmelrasen überzieht, eintrocknet und, soweit sie von den Bienen aus den Zellen entfernt wird, als harte Mumien auf dem Bodenbrett liegt. Die Erreger dieser Krankheiten sind Pilze, die mit ihren Fäden den Larvenkörper durchziehen, auf ihnen wachsen und in verschiedenen gefärbten Schimmelrasen auf der Oberfläche der Waben Fruchtkörperchen entwickeln.

Der Erreger der Steinbrut (Aspergillus flavus) überzieht die befallenen Brutwaben mit einem gelbgrünen Schimmelrasen. Er befällt vornehmlich die Arbeiterbrut, vermehrt sich sehr rasch und bewirkt in kurzer Zeit den Untergang des ganzen Volkes.

Die Kalkbrut (Pericystes apis) hat ihren Namen von dem weißen, kalkartigen Aussehen der kranken Brut. Sie befällt fast ausschließlich die Drohnenbrut, nur sehr selten greift sie auf die Arbeiterbrut über und dann auch nur in geringem Maße. Für den Fortbestand des Volkes ist sie daher wenig Gefahr bringend. In vielen Fällen verschwindet sie nach einigen Jahren von selbst wieder vom Bienenstand.

Zur Bekämpfung beider Krankheiten ist zurzeit noch kein Mittel bekannt. Die Kalkbrut kann man durch Ausschneiden der erkrankten Drohnenbrut eindämmen. Ein von der Steinbrut befallenes Volk ist regelmäßig rettungslos verloren und wird am besten gänzlich vernichtet.

3. Die Ruhr

Die Ruhr tritt auf, wenn die Bienen im Winter keinen Reinigungsausflug machen können, oder wenn sie auf schlechtem Honig überwintern. Befliegen die Bienen im Herbst Tannen, oder überwintern sie auf Blatthonig, dann ist gewöhnlich die Ruhr unausbleiblich. Das sicherste Gegenmittel ist das Füttern von Kristallzucker im Herbst. Ist die Ruhr stark aufgetreten, dann beschmutzen die Bienen nicht nur das Flugloch, sondern auch das Innere des Stockes. Hat ein Volk lange an der Ruhr gelitten, so sind die meisten Bienen später matt und unfähig, für die Brut den Futtersaft zu bereiten. Sie fliegen im Frühling ab und kommen nicht wieder. Das Volk wird täglich schwächer, schließlich sitzt die Königin mit einigen hundert Bienen im Stock. Die Bienen werden schließlich so matt, dass sie sich nicht an den Waben halten können. Täglich ist das Standbrett mit Bienenleichen bedeckt. Ein solch an den Nachwehen der Ruhr leidendes Volk muss sehr warm gehalten werden, und der Züchter muss, wenn es möglich ist, aus gesunden, volksstarken Stöcken Bienen überfüttern.

Die Königin wird nie ruhrkrank.

2. Die Maikrankheit

Diese Krankheit tritt nur im Mai, Juni und Juli auf. Die Bienen laufen auf der Erde sich zu Tode. Die Bienenzüchter nennen diese Krankheit auch Lauf- oder Kriechkrankheit. Viele füttern ihre Bienen als Gegenmittel mit verdünntem Honig. Ein sicheres Schutzmittel gegen die Krankheit ist noch nicht bekannt. Merkwürdig ist die Erscheinung, dass obige Krankheit in einer Gegend heftig auftritt, während andere Gegenden ganz davon verschont bleiben. Die Imker verlassen deshalb oft mit ihren Bienen den Stand. Man nimmt an, dass die Bienen die Pilze, welche die Ursache des Laufens und Absterbens sind, von den Blüten aufnehmen.

O. Die Feinde der Bienen

Im Herbst, wenn die Bienen am kühlen Morgen das Flugloch nicht mehr oder noch nicht besetzt halten, dringen die Hornissen und Wespen in die Stöcke ein, um Honig, besonders den seitwärts befindlichen, zu stehlen. Man muss die Nester dieser Insekten zerstören, wo man sie findet. Tötet man im Frühjahr ein Hornissen- und Wespenweibchen, so vernichtet man damit gleich eine Kolonie, weil bei diesen Insektenarten nur die Weibchen überwintern. Im Herbst hänge man am Bienenstand dünnhalsige Flaschen auf, die zur Hälfte mit süßem Wasser gefüllt sind. Die Tiere kriechen in die Hälse hinein, fallen in das Wasser und ersaufen. Die Flaschen müssen aber entfernt oder verstopft werden, wenn die Bienen den Flug beginnen, weil sonst auch Bienen hineinkriechen und umkommen.

Zur Zeit der Winterruhe sind die Mäuse den Bienen gefährlich. Sie schleichen sich in die Stöcke ein, zerfressen zuerst die toten Bienen, verzehren aber auch den Honig, soweit er von den Bienen nicht belagert wird. Oft bauen sie sogar Nester in den Stöcken, beschädigen viele Stöcke und ruinieren einzelne gänzlich. Sind Strohkörbe äußerlich mit Stroh umhüllt, so zerfressen sie sogar die Körbe. Man fange die Mäuse, sobald man sie bemerkt, sofort weg. Sind die Wände der Stöcke nicht hinlänglich warmhaltig, so umpacke man sie mit Stoffen, in welchen sich die Mäuse nicht aufhalten, wie z.B. Flachsschäben, Tannennadeln usw. Die Fluglöcher müssen für den Winter durch vorgesteckte Nägel so hergerichtet werden, dass wohl Bienen aus- und eingehen können, Mäuse aber nicht einzudringen vermögen. Am gefährlichsten ist die Spitzmaus, weil sie durch die engsten Fluglöcher hindurchdrängt.

Befindet sich der Bienenstand in der Nähe eines Waldes so sei man auf die Spechte aufmerksam; denn sie hacken in Körbe und morsche Beuten große Löcher, wobei sie die Bienen beunruhigen, so dass bei strenger Kälte ganze Völker durch Spechte zu Grunde gehen. Man muss diese Vögel, sobald sie sich auf dem Stand zeigen, sofort wegfangen oder wegschießen.

Die Kohlmeise pickt im Winter am Flugloch, wodurch die Bienen beunruhigt werden, im Stock erstarren oder abfliegen und auf dem Schnee umkommen. Die Meise nimmt dann jede erstarrte Biene auf, fliegt damit auf den nächsten Baum und zerhackt sie. Diese Vögel sind sehr leicht wegzufangen. Stöcke in einem Bienenhaus schützt man durch Schließen der Laden vor den Meisen. Man kann auch bei Frostwetter und hauptsächlich wenn Schnee die Erde bedeckt, die Vorderseite des Bienenschauers mit Drahtgeflecht gegen die Meisen absperren. Das

Drahtgeflecht wird auf genau passende Holzrahmen genagelt, es behindert den Flug der Bienen nicht.

Von den Insekten sind noch arge Feinde der Bienen:

1. Die Wachsmotte. Damit sie sich nicht einnistet, müssen das Bodenbrett stets vom Gemüll rein gehalten und die Maden und Puppen vernichtet werden.
2. Die Bienenlaus. Sie findet sich hauptsächlich auf dem Brustteil der Königin. Die Eier legt dies Insekt in das Gemüll des Bodenbrettes. Nur Reinhaltung des Bodenbrettes hindert die Vermehrung dieses Insektes.
3. Die Spinnen. In der Heide werden Tausende von Bienen von den Spinnen weggefangen. Gegen diesen Feind ist der Züchter auf der Flur machtlos. Vor und im Bienenhaus soll der Imker keine Spinnen dulden.
4. Der Bienenwolf.
5. Der Maiwurm (Meloa variegatus).
6. Der Totenkopf und
7. Die Ameisen.

Vergessen wollen wir von den Amphibien nicht Frösche, Kröten und Eidechsen.

Der ärgste Feind der Bienen ist die Wintersonne, besonders im Januar, Februar und März. Liegt frisch gefallener lockerer Schnee, zeigt das Thermometer im Schatten zwei bis drei Grad unter Null und die Sonne scheint in den Mittagsstunden auf die Stöcke und Fluglöcher, so stürzen die Bienen oft scharenweise hervor, fahren geblendet in den Schnee oder erstarren im Schatten auf der kalten Erde.

P. Das Wachsgebäude

Das Wachsgebäude oder der Bau der Bienen besteht aus mehreren einzelnen Wachstafeln oder Waben. Jede Wabe hat eine Mittelwand, an welcher auf beiden Seiten Zellen erbaut sind.

Von den einander gegenüberliegenden Zellen korrespondiert jede Zelle mit drei Zellen der anderen Seite.

Das Material, aus dem die Waben erbaut sind, ist Wachs. Das Wachs finden die Bienen in der Natur nicht fertig vor, scheiden es auch nicht bloß von den Nahrungsmitteln (Honig und Pollen) ab, sondern erzeugen es daraus in ihren Leibern, weshalb es ein organisches Produkt ist. Wollen die Bienen Wachs erzeugen, so nehmen sie mehr Nahrung zu sich, als zur Erhaltung ihres Lebens notwendig ist; den gewonnenen Speisesaft nehmen sie ins Blut auf, um Wachs daraus zu bereiten. Die Pflanzen sondern ein Übermaß an Kraft in Mehl, die Tiere in Fett ab. So die Bienen auch. Hier nennen wir es Wachs. Als die Organe der Wachsbereitung betrachtet man die so genannten Spiegel der Arbeitsbiene. Zieht man die vier letzten Halbringe des Unterleibes hervor, so erkennt man, dass sie aus einer vorderen und einer hinteren Querhälfte bestehen; die vordere Querhälfte, welche von hornigen Rändern eingefasst ist und in der Mitte durch eine Hornleiste in zwei fast fünfseitige Hälften geteilt ist, bildet die Spiegel oder Wachshäute. Auf den Spiegeln bildet sich das Wachs und tritt zwischen den Halbringen in perlmutterglänzenden Schüppchen hervor, welche die Gestalt der Spiegel haben. Mit den Hinterfüßen ziehen die Bienen die Wachsschüppchen hervor, nehmen sie sich auch untereinander ab und zerkauen sie, um sie geschmeidig und dehnbar zu machen. Die hervorgetretenen Wachsschüppchen sind durchsichtig wie Marienglas; das gekaute Wachs dagegen ist undurchsichtig. Ursprünglich ist alles Wachs weiß, wird aber im Sommer nach und nach gelblich. Bauen die Bienen an einer alten Walle neue Zellen, so verwenden sie dazu das vorher abgenagte Wachs, weshalb solche Zellen stets eine dunkle Farbe haben.

Den Baubetrieb der Bienen hat die Natur wunderbar geregelt. Sie bauen nur aus Bedürfnis, d. h. sie bauen nur so viele Zellen, als das Volk zu seinem Sitz, zur Unterbringung der Brut und der Honig- und Pollenvorräte braucht. Bricht plötzlich die Honigtracht ab, so bleiben die eben neuerbauten Zellen für dieses Jahr leer. Da Wachs auf Kosten des Honigs erzeugt wird, so geben wir dem angehenden Imker die wichtige praktische Lehre, nie nutzlos Zellen bauen zu lassen, sondern den Wabenbau rechtzeitig zu beschränken.

Blicken wir auf die Gestalt der Zellen, so unterscheiden wir eckige und runde; rücksichtlich der Lage der Zellen gibt es horizontale und senkrechte; ziehen wir endlich den Zweck der Zellen in Betracht, so unterscheiden wir Heft-, Brut-, Übergangs- und Honigzellen. Gar nicht selten findet man alle Zellenarten auf einer und derselben Wabe nebeneinander.

Zum Bau der Zellen, mit welchen die Wabe an die Wände der Wohnung stößt, verwenden die Bienen neben Wachs auch Klebwachs oder Kitt. Damit jede dieser Zellen die Stockwand mit einer flachen Seite berührt und darum umso fester hält, bauen sie dieselben fünfeckig. Ganz allgemein heißen diese Zellen Heftzellen; sonst dienen sie nur zur Honigablagerung. Die Mehrzahl der sechseckigen Zellen dient zur Erbrütung junger Bienen, weshalb sie Brutzellen heißen. Die kleinen sechseckigen Brutzellen dienen zur Erbrütung der Arbeitsbienen und werden darum Arbeiter- oder Bienenzellen genannt; sie sind gerade so groß, dass sich eine Arbeitsbiene darin ausbilden kann. Neben den Arbeiterzellen sehen wir an den Waben größere sechseckige Zellen, welche Drohnenzellen heißen; sie sind so tief und weit, dass darin eine Drohne Raum zu ihrer Ausbildung hat. In den Arbeiter- und Drohnenzellen speichern die Bienen auch Honig auf, und in den Arbeiterzellen, nicht aber in den Drohnenzellen – wenigstens höchst selten – sammeln sie auch Pollen an. Da, wo die Bienen an einer Wabe von Arbeiter- zu Drohnenzellen übergegangen sind, sehen wir Zellen, welche die Vermittlung zwischen den großen und kleinen sechseckigen bilden, und deshalb Übergangszellen genannt werden; sie sind meist von unregelmäßiger Form oft nur fünfeckig. In der Regel werden Übergangszellen mit Honig gefüllt; mitunter bleiben sie aber auch ganz leer. Über die normale Tiefe hinaus verlängerte Heft-, Arbeiter-, Drohnen- und Übergangszellen heißen Honigzellen. Damit der Honig aus ihnen nicht ausfließen kann, ist ihre Verlängerung merklich aufwärts gebogen. Entweder werden diese Zellen durch anfänglich als Honigzellen angelegt oder erst später durch Verlängerung dazu eingerichtet. Sollen Honigzellen wiederum zur Brut benutzt werden, wird die Verlängerung von den Arbeitern wieder abgetragen. Die Mittelwände der Waben müssen mindestens 3 cm voneinander entfernt stehen. Die Arbeiterzellen sind bis zur Wabenmitte 11,5 cm tief und von Wand zu Wand 5,1938 mm breit. Eine Drohnenzelle ist ca. 12 mm tief und 6,875 mm breit.

Die runden senkrechten Zellen sind Weiselzellen, d.h. in ihnen werden Königinnen erbrütet. Sie stehen einzeln, mit der Mündung nach unten und sind eichelförmig. Anfangs ist ihr Mantel äußerlich glatt; während sich aber die königliche Larve darin entwickelt, machen ihn die Bienen immer stärker und uneben. Nach dem Ausschlüpfen des jungen Wesens werden diese Zellen entweder ganz oder nur teilweise abgetragen; denn sie dienen nur einmal zur Erbrütung junger Königinnen. Weiselzellen, welche gleich anfänglich als solche erbaut werden, haben einen runden, kesselförmigen Boden und heißen Schwarmzellen (primäre Wiegen); Arbeiterzellen, welche zu Weiselzellen umgeformt werden und deshalb einen Pyramidenboden haben, nennt man Nachschaffungszellen (sekundäre Weiselzellen). Näpfchen sind die bloß angefangenen oder bereits teilweise wieder abgetragenen Weiselzellen. Das Wachs zu den Weiselzellen nehmen die Bienen von der Wabe und Stelle, an der sie dieselben erbauen, weshalb diese Zellen stets die Farbe der Wabe haben, an der sie stehen.

In der leeren Wohnung beginnen die Bienen mit dem Bau der Waben stets oben an der Decke und bauen nach unten zu weiter. Sie können aber auch von unten nach oben bauen und tun dies, wenn man über dem Brutnest eine Lücke in den Bau macht. Anfänglich baut das junge Volk nur Arbeiterzellen, um für Arbeiter zu sorgen. Der Imker muss darum recht starke junge Völker einrichten und in den ersten 8-14 Tagen nach Aufstellung des Volkes den Wabenbau recht fördern. Junge Völker mit diesjähriger Königin bauen im ersten Jahr oft gar nicht Drohnenzellen, weshalb solche Völker besonders wertvoll sind. Nur sehr starke junge Völker schreiten schon im ersten Sommer zum Bauen von Drohnenzellen; überwinterte Völker aber gehen im Frühjahr, ist ihre Wohnung mit Waben nicht ausgestattet, sofort zum Bauen von Drohnenzellen über. Es ist daher praktisch, die alten Standvölker im Brutraum mit Arbeiterzellenbau vollständig auszustatten, um übermäßigen Drohnenbrutansatz zu verhindern. Ein weiselloses Volk baut in der Regel gar nicht; nur wenn es sehr stark ist und nicht so viel Waben besitzt, als es zu seinem Sitz nötig hat, baut es sparsam und stets nur Drohnenzellen. Ein weiselloses Volk, das aber Weiselzellen hat, baut, wenn es stark ist und sein Wachsgebäude ihm zu wenig Raum gewährt, in guter Trachtzeit ziemlich rasch, aber meistens nur Drohnenzellen. Völker mit bloßen Weiselzellen lasse man darum gar nicht bauen, sondern statte sie reichlich mit Waben oder künstlichen Mittelwänden aus.

Zum Wabenbau sind die Bienen am meisten im Mai und Juni geneigt. Vom Juli an sind die Bienen instinktmäßig mehr darauf bedacht, die vorhandenen Zellen mit Honig zu füllen, und im Herbst, wenn die Nächte lang und kühl werden, bauen sie selbst bei guter Tracht nicht mehr.

Q. Die Bienenwohnung

Die Wachswaben bilden die eigentliche Wohnung des Bienenvolkes; aber das Wachsgebäude mit den Bienen bedarf noch eines Schutzes gegen Regen, Kälte, Wind, Sonne und Feinde. Bienenvölker, welche in völliger Freiheit leben, legen darum ihren Wachsbau in hohlen Bäumen, Felsspalten, Mauerlöchern usw. an. Das Gehäuse für den Wabenbau heißt **Bienenwohnung**. Die Wohnungen, welche der Mensch baut, werden von den Bienen angenommen, wenn sie den nötigen Schutz gewähren und einen angemessenen Raum darbieten. Eine gute Bienenwohnung muss aber auch so gebaut sein, dass sie dem Züchter die Behandlung der Bienen leicht macht und ihm Einsicht in den Haushalt des Volkes gestattet. (Abb. 3)

Als **Material** zu Bienenwohnungen verwendet man in der Regel Holz und Stroh. – Sollte die Wohnung nur gegen die Tiere schützen, welche entweder der Biene selbst oder ihren Vorräten nachstellen, so wäre dazu jeder Stoff zu verwenden, der die notwendige Festigkeit besäße. Da die Wohnung Volk und Bau aber auch gegen widrige Witterungseinflüsse, besonders gegen Kälte, übermäßige Hitze usw. schützen soll, so eignet sich nur das Material zu Bienenwohnungen, das neben Festigkeit die Eigenschaft besitzt, die Wärme gut zusammenzuhalten. Gute Wärmebehälter und schlechte Wärmeleiter sind nun die Stoffe, welche in ihren Poren möglichst viel Luft unbeweglich einschließen. Von den Holzarten eignen sich daher ganz besonders alle die zu Bienenwohnungen, deren Fasern eine solche Lage gegeneinander haben, dass sie viele Poren bilden; es sind dies die leichtesten und weichsten Holzarten, z.B. Weiden-, Pappel-, Lindenholz usw. Muss man Kiefernholz zu Bienenwohnungen verwenden, so wähle man nicht kienige Bretter aus. Die Warmhaltigkeit der Bienenkästen wird bei einzeln stehenden Wohnungen durch Doppelwände erreicht, deren Zwischenräume man mit Moos, Häcksel, Torfmull usw. ausfüllt. Dicht aneinander stehende Kästen brauchen keine seitlichen Doppelwände. Die Vorderwand muss bei allen Kästen doppelt sein. – Stroh ist ein höchst geeignetes Material zu Bienenwohnungen, weil es leicht, höchst warmhaltig und wohlfeil ist. Es eignet sich vorzugsweise zu runden Bienenwohnungen; zu Stöcken, welche genau winkelrecht gearbeitet sein müssen, ist es weniger tauglich.

Abb. 3 Eine geöffnete Ständerbeute

Abb. 5 Eine Klotzbeute

Die Größe der Bienenwohnung ist nicht gleichgültig. Ganz allgemein und unwiderleglich lehrt die Erfahrung, dass nur das Bienenvolk im Winter gesund bleibt und sich im Frühjahr und Sommer herrlich entfaltet und großen Ertrag liefert, das zu jeder Zeit einen seiner Stärke angemessenen Wohnungsraum hat. Ist die Wohnung zu groß und kann sie deshalb im Winter nicht gehörig erwärmt werden, so brausen die Bienen bei starker Kälte, um Wärme zu erzeugen. Bei dieser anstrengenden Tätigkeit aber müssen die Bienen stärker zehren; der Kraftaufwand macht stärkere Zehrung notwendig. Durch das Brausen und starke Zehren entstehen Nässe und Krankheiten, und nicht selten stirbt im Winter ein Volk, weil es in einer zu großen Wohnung saß, an der Ruhr. Nur bei einer angemessenen Wärme sitzen die Bienen im Winter ruhig, zehren wenig und kommen gesund durch den Winter. Ist die Wohnung für das Volk im Frühjahr zu groß, so sitzen die Bienen ebenfalls kühl, drängen sich in einem engen Raum zusammen und die Königin kann das Brutnest nicht weit ausdehnen. Eine kleinere Wohnung wird dagegen von einem mäßig starken Volk gehörig erwärmt, so dass die Bienen viele Zellen belagern und die Königin reichlich Eier absetzten kann. Im Sommer, wo das Volk sich bereits reichlich vermehrt hat und Tag und Nacht hindurch in Tätigkeit ist, steigt in einer kleinen Wohnung die Wärme so hoch, dass sie den Bienen lästig wird. Nichts ist verkehrter, als im Sommer ein starkes Volk in einer zu kleinen Wohnung zu halten. Wenn die Bienen bei heißer Witterung müßig vor dem Stock liegen, weil sie der im Stock herrschenden Wärme wegen alle Arbeit einstellen mussten, so freut sich nur der unverständige Bienenwirt. Starke Völker, welche in einer Wohnung von angemessener Größe sitzen, bleiben auch an heißen Sommertagen in ruhigem Flug.

Teilbare und unteilbare Bienenwohnungen. Um einem Volk zu jeder Zeit eine Wohnung geben zu können, deren Größe der Stärke des Volkes angemessen ist, erfand man teilbare Bienenwohnungen, d. h. solche, die aus mehreren

Teilen zusammengesetzt sind und deshalb verkleinert und auch wieder vergrößert werden können. Eine solche Wohnung kann für den Winter durch Abnahme eines oder mehrerer Teile verkleinert und im Frühjahr und Sommer durch Unter- oder Aufsetzen der entnommenen oder neuer Teile stets nach Bedürfnis vergrößert werden. In allen Gegenden, in welchen die Bienen die Haupttracht vom Raps, der Baumblüte usw. haben, muss der Imker darauf hinarbeiten, schon im Frühjahr recht volkreiche Stöcke in geräumigen Wohnungen zu besitzen. Wo Buchweizen und Heidekraut die Haupttracht bieten, muss der Züchter im Frühjahr vermehren und seine Völker in kleineren Wohnungen halten und diese, so wie sich die Völker vermehren, nach und nach erweitern; für Gegenden dieser Klasse haben also die teilbaren Wohnungen einen ganz besonderen Wert. Unteilbare Wohnungen, d. h. solche, welche ein unteilbares Ganzes bilden, haben nur dann einen praktischen Wert, wenn sie im Innern eine Vorrichtung, z.B. ein Schiedbrett haben, durch welches der Innenraum nach Erfordern vergrößert oder verkleinert werden kann.

Berechnung der Größe. Bei Beurteilung der Größe einer Bienenwohnung wird die Stärke der Wände nicht mit in Betracht gezogen, sondern nur der Körper- oder Kubikinhalt des Innenraumes berechnet. Wie groß nun jede einzelne Wohnung in jeder Jahreszeit sein muss, das hängt hauptsächlich von der Stärke des Volkes, den Trachtverhältnissen usw. ab. Dem Anfänger können darum hier nur Winke gegeben werden, wonach die Größe der Wohnung für jede Jahreszeit zu beurteilen ist.

Gewöhnlich nennt man den Raum, in welchem sich das Volk entfaltet, d. h. Brut ansetzt und für den eigenen Haushalt Honig ansammelt, den Brutraum. Einem starken Volk gebe man im Frühjahr einen Brutraum von etwa 40-45 cdm. Neben dem Brutraum aber muss ein starkes Volk noch einen besonderen Raum haben, in den die Königin nicht gelangen und Brut ansetzen kann, in dem die Bienen darum auch nicht Pollen ansammeln, sondern bloß Honig aufspeichern, weshalb er Honigraum heißt. Dieser Raum muss vom Brutraum getrennt sein; erst wenn das Volk sich gehörig entwickelt hat und die Tracht noch andauert, ist der Eingang in den Honigraum zu öffnen. Die Größe des Honigraumes ist nach den Trachtverhältnissen der Gegend zu bemessen; ein Honigraum von halber Größe des Brutraums wird selbst in honigreichen Jahren für die meisten Gegenden Deutschlands genügen. Notwendig ist, dem Honigraum die Breite des Brutraumes zu geben, damit man die Waben beider Räume vertauschen kann.

Untersuchen wir den Bau eines Volkes, das in einem hohlen Baum, einer Mauer usw. in voller Freiheit lebt, so bemerken wir, dass der Honig oben und die Brut unten steht, d.h. die Bienen speichern den Honig stets über der Brut auf und halten das Brutnest unter dem Honig. Nur wenn die Bienen durch die Form des hohlen Raumes gezwungen sind, speichern sie den Honig seitwärts auf und brüten in der Nähe des Flugloches. Hieraus erkennen wir, dass die Stockform eine naturgemäße ist, deren größte Ausdehnung nach oben geht. Ganz allgemein nennt man diese Stockform, weil sie stehend ist, den Ständer. Stöcke, die eine liegende Stellung haben, weil ihre größte Ausdehnung die Länge ist, heißen Lagerstöcke. Auch aus physikalischen Gründen erhellt, dass der Ständer und nicht das Lager die naturgemäße Bienenwohnung ist; denn weil die Wärme stets nach oben steigt, so können die Bienen in jenem im Winter leicht und bequem den Honigvorräten nachrücken. Im Lagerstock ist das ganz anders; in ihm müssen die Bienen, wenn sie an einer Stelle den Honig aufgezehrt haben, um die nächsten Waben herumkriechen, um zu anderen Vorräten zu gelangen; in strengen Wintern sind die Tiere aber oft durch Reif und Eis von den seitwärts stehenden Honigwaben abgesperrt und müssen darum neben den Vorräten verhungern. Für eine glückliche Durchwinterung ist also der Ständer weit zweckmäßiger als das Lager. Fragen wir danach, in welcher Stockform sich die Bienen am bequemsten behandeln lassen, so antwortet die Erfahrung wieder zu Gunsten des Ständers und nicht des Lagers. Im Ständer kann man, wenn der Stock geöffnet oder umgedreht ist, besser in das Innere des Baues blicken, als dies im Lager möglich ist; ins Lager dagegen muss man tief hinein langen, ohne sehen zu können, wohin man greift. Lagerstöcke sind in neuerer Zeit wenig mehr gebräuchlich. – In neuerer Zeit sind die Breitwabenstöcke stark in Aufnahme gekommen. Sie unterscheiden sich von den Ständerstöcken dadurch, dass die Ganzrähmchen nicht auf der schmalen Seite stehen, sondern seitlich umgelegt werden, dass die breiten Rähmchenseiten nach oben und nach unten kommen.

Der Form nach unterscheidet man eckige und runde, bauchige und glockenförmige, walzenförmige und torförmige Stöcke. Runde Stöcke sind vorzugsweise gute Stöcke zur Überwinterung, weil sich in ihnen die Wärme gleichmäßig nach allen Richtungen hin verbreitet; aber auch die eckige Form hat ihre Vorzüge; in ihr führen die Bienen einen regelmäßigen Bau auf; auch sind in eckigen Stöcken die Völker bequem zu behandeln.

Rücksichtlich der inneren Einrichtung unterscheidet man Wohnungen mit unbeweglichen und beweglichen Waben. Im Stock mit unbeweglichen Waben ist jede einzelne Wabe von den Bienen an den Deckel und an die Seitenwände angebaut und kann darum, wurde sie herausgebrochen, entweder gar nicht oder doch nur sehr mühsam wieder an ihren früheren Ort eingestellt werden. Im Stock mit beweglichen Waben ist jede Wabe in ein Holzrähmchen eingebaut, das entweder an Backen oder Stiften in Nuten hängt, oder auf einem Stäbchenrost steht (System Alberti). Die Rähmchen können in dieselbe oder jede andere gleich breite Wohnung eingehängt werden. Versuchte man auch schon früher, Stöcke mit beweglichen Waben herzustellen, gelang es doch erst dem Pfarrer Dr. Dzierzon zu Carlsmarkt in Schlesien, einen vollkommen brauchbaren Stock mit beweglichen Waben zu konstruieren. Dr. Dzierzon fand mit seinem Stock den Stein der Weisen in der Imkerei; denn erst durch den Dzierzonstock wurde die Biene ein Haustier im wahren Sinn des Wortes. Nur in diesem Stock kann der Instinkt der Biene durch den menschlichen Verstand geregelt werden, und hinsichtlich der Behandlung der Bienen trägt der Stock der Bequemlichkeit volle Rechnung.

Hinsichtlich der Aufstellung im Freien oder in einem besonderen Bienenschuppen usw. gibt es Wohnungen, in denen nur ein Volk und solche, in denen zwei oder mehr Völker untergebracht werden können. Die Wohnungen mit unbeweglichen Waben sind durchgehend Einzelstöcke oder Einbeuten; die Wohnungen mit beweglichen Waben sind teils Ein-, Zwei-, Drei-, Sechs- usw. Beuten, teils Pavillons. Einzelstöcke können leicht transportiert, einzeln verkauft usw. werden, was bei Doppel- und mehrfächerigen Beuten nicht so gut angeht. Mehrfächerige Beuten eignen sich mehr für Imker, welche einen bleibenden Wohnsitz haben. Bei den unteilbaren Beuten werden Bretter gespart, da ein Mittelbrett immer zwei Wände bildet; auch sitzen die Völker in diesen Beuten im Winter wärmer als in Einbeuten, da ein Volk das andere erwärmt.

Die Vorteile, welche unteilbare Beuten für die Überwinterung der Bienen gewähren, erreichen wir, wenn wir die Einzelbeuten so bauen, dass wir mehrere derselben zu einem größeren Ganzen oder einem Stapel zusammenstellen. Jeder Stapel erhält nur ein Dach. (Abb. 4.) Die Verschiedenheit der Rähmchen in der Höhe und Breite war der Ausbreitung des Mobilbaues und der Bewirtschaftung auf dem Bienenstand nachteilig. Der Wunsch nach einem einheitlichen Maß wurde, weil er berechtigt war, auf der 25. Wanderversammlung der Deutsch-österreichischen Wanderversammlung in Köln am Rhein 1880 erfüllt. Das dort angenommene Maß nennt man das Normalmaß. Im Lichten halten die Bruträume 23,5 cm Breite und 28 cm Höhe.

Einige Bienenzüchter wünschen aber breitere und höhere Rähmchen und nennen dieses Maß das rationelle. Da die klima-

Abb. 4. Sechserstapel

tischen Verhältnisse und auch die Trachtverhältnisse in Deutschland sehr verschieden sind, ist auf Einführung des Normalmaßes für ganz Deutschland nicht zu rechnen. – Einen Fehler begehen die Anfänger in der Bienenzucht, wenn sie sich Luxusbeuten anschaffen und meinen, aus diesen große Erträge zu erzielen. Luxusbeuten dürfen nur reiche Leute haben, welche die Bienenzucht zu ihrem Vergnügen treiben. Nicht die Wohnung liefert den Honig, sondern starke Völker, welche rationell behandelt werden. Wer nicht mit Glücksgütern gesegnet ist, muss sich billige, warmhaltige, aber praktische Beuten anschaffen. Die billigsten sind die, welche der Imker sich selbst anfertigt.

II. Teil

Die Praxis der Bienenzucht

A. Gründung einer Bienenwirtschaft
(Bienenstand, Bienenhof, Bienengarten)

Die Biene ist in ihrer Existenz hauptsächlich von der Pflanzenwelt abhängig. Überall, wo noch eine lohnende Bodenkultur betrieben werden kann, gedeihen auch Bienen. Jedoch nicht alle Gegenden sind dem Betrieb der Bienenzucht gleich günstig; bei der Gründung eines Bienenstandes sind darum die Nahrungsquellen der Biene in Erwägung zu ziehen. Die Beschaffenheit des Orts, wo die Bienenwohnungen aufgestellt werden, ist auch nicht gleichgültig, sondern hat sogar bedeutenden Einfluss auf das Gedeihen der Völker. Auch muss sich der Anfänger rechtzeitig darüber entscheiden, in welcher Art der Bienenwohnungen er imkern will, da leere Wohnungen nicht erst dann angefertigt oder angekauft werden können, wenn sie gebraucht werden sollen. Über die Art und Weise der Aufstellung der Bienenstöcke im Bienengarten muss sich der Anfänger ebenfalls vor dem Beginn der Zucht klar werden, d. h. er muss sich darüber entscheiden, ob er die Bienenstöcke einzeln oder vereint, frei im Garten oder unter dem Schutz eines Bienenhauses aufstellen will. An den Gerätschaften, durch deren Handhabung die Behandlung der Völker erleichtert wird, darf es auf keinem Bienenstand fehlen. Erst nachdem die nötigen Vorbereitungen getroffen sind, darf der angehende Imker daran denken, sich Bienenvölker zu verschaffen. Bei der Gründung und Einrichtung eines Bienenstandes sind demnach sechs Stücke in Betracht zu ziehen: 1. die Bienengegend, 2. der Standort der Bienen, 3. die Art der Bienenwohnung, 4. die Aufstellung der Bienenwohnungen, 5. die Bienenzucht-Gerätschaften und 6. der Ankauf der Bienenvölker.

1. Verschiedenheit der Bienengegenden

Im Allgemeinen unterscheidet man honigreiche und honigarme Gegenden. Honigreich nennt man die Gegend, welche den Bienen vom Frühjahr an bis in den Herbst hinein mit nur geringen Unterbrechungen reichlich Nahrung spendet. In Waldungen finden die Bienen im zeitigen Frühjahr Honig und Pollen in den Blüten des Haselnussstrauches, der Erle und Weide, der Heidelbeere, Preiselbeere usw. In vielen Gegenden ersetzen Obstbäume, Weiden, Pappeln, Rüstern usw. die Waldungen. Rübs und Raps werden nicht mehr allgemein angebaut. Im Sommer spenden Hederich, weißer Klee, Inkarnatklee, Esparsette, Kornblume, Buchweizen, Sommerraps, Pferdebohne, Wicke, Linde, Akazie usw. reichlich Honig und Pollen. Die Herbstnahrung bietet den Bienen das Heidekraut und die Serradella.

Honigarm ist die Gegend, wo in der Regel alle erhebliche Honigtracht ein Ende hat, sobald die Sense über das Feld gegangen ist. Mit geringen Ausnahmen gehören waldlose Gegenden zu den honigarmen. In solchen Gegenden haben die Bienen die Haupttracht von Obstbäumen, vom Raps, der Esparsette, dem Hederich, der Kornblume, Wicke usw. Wenn in honigarmen Gegenden die Bienen von der Ernte an bis in den Herbst hinein noch so viel Honig eintragen, als sie zur Erhaltung ihres Lebens und zur Verpflegung der Brut brauchen, so kann der Imker schon zufrieden sein. Die meisten Gegenden Deutschlands sind honigarm; doch gibt es in unserem weiten Vaterland wohl keinen Ort, an dem nicht mit einigem Erfolg Bienenzucht betrieben werden könnte. Der Imker, welcher zugleich Landwirt ist, kann durch Anbau honigender Futtergewächse usw. gar viel zur Verbesserung der Weide seiner Bienen beitragen.

Der Bienengegend muss der Umfang der Zucht entsprechen. In honigarmen Gegenden wird der Anfänger seine Zucht in geringem Umfang betreiben; je honigreicher die Gegend ist, desto umfangreicher kann der Bienenstand angelegt werden. Die Flugweite der Bienen richtet sich nach der Lage der Nahrung. Der gewöhnliche Flugkreis der Bienen erstreckt sich etwa auf eine halbe Stunde im Zirkel um ihren Stock; finden sie aber in der Nähe keine Nahrung, so fliegen sie bei schönem Wetter über eine Stunde weit nach Tracht. Das Erntefeld der Bienen ist demnach ein großes. Welche Zahl von Völkern an einem Ort Nahrung findet, lässt sich nicht bestimmt angeben, zumal der Umfang der Zucht nicht bloß von den Honigquellen, sondern auch von den persönlichen oder etwa amtlichen Verhältnissen des Imkers abhängig ist. Ohne Zweifel kann aber eine Übervölkerung stattfinden und dann ist der Honigertrag unbedingt geringer, als wenn weniger Völker die Weide benutzen. Wer ein Amt bekleidet, z.B. Prediger, Lehrer usw. ist, wird etwa 40 bis 50 Bienenvölker pflegen können. Zur Behandlung einer größeren Zahl von Völkern muss ein Gehilfe angenommen werden.

2. Der Standort der Bienen

Der Ort, wo die Bienenvölker aufgestellt sind, heißt der Standort der Bienen (Bienenplatz, Bienengarten). Die Lage des Standortes ist von bedeutendem Einfluss auf die Zucht, eine günstige Lage desselben fördert sie, eine ungünstige ist zu allen Zeiten, besonders aber im Frühjahr, von höchst nachteiligem Einfluss auf die Entwicklung der Völker.

Haupterfordernis eines guten Standortes ist, dass er windstill sei. Die Bienen lieben überhaupt windstilles Wetter; denn bei windigem Wetter fliegen sie ganz niedrig, weil der Wind unten weniger heftig ist, so dass ihm die beladen heimkehrenden Bienen am Erdboden besser widerstehen können. Am lästigsten ist der Wind den Bienen auf dem Bienenplatz, weil sie hier am meisten ermüdet ankommen und ihren Flug mäßigen, um sicher das Flugloch ihrer Wohnung zu treffen; hier werden sie darum leichter vom Wind erfasst, aus ihrer Fluchrichtung getrieben und wohl gar niedergeworfen. Ist der Erdboden noch kühl, so werden die niedergefallenen Bienen, bevor sie Kraft zum Auffliegen gesammelt haben, vor Kälte flugunfähig, erstarren und sterben. Sehr nachteilig ist der Wind der Biene im Winter und zeitigem Frühjahr bei den Reinigungsausflügen. Zu Tausenden liegen sie dann erstarrt auf der Erde. Im Sommer werden die von Windstößen auf dem Standort niedergeworfenen Bienen häufig von plötzlich eintretendem Regen genässt und müssen elendiglich umkommen. Ein windiger Standort ist den Bienen auch im Winter höchst nachteilig. Vermögen sie bei hinreichenden Honigvorräten auch strenger Kälte zu widerstehen, so erstarren sie doch, wenn ein schneidend kalter Wind ungehindert ihre Stöcke trifft und frei in das Flugloch bläst. Man suche sich daher zur Aufstellung seiner Bienenstöcke ein recht windstilles Plätzchen aus. Eine solche Lage haben Plätze, die in einem Wald liegen, die von hohem Gebüsch, von hohen Gebäuden usw. umschlossen sind. Ein Platz, der nicht gehörig windstill ist, muss durch

Gesträucheanlagen, Mauern oder Bretter-, Rohr-, Reisigzäune usw. namentlich gegen West-, Nord- und Ostwinde geschützt werden.

An manchen Orten empfindet man selbst bei völliger Windstille und heißer Witterung einen beständigen Luftzug, eine so genannte Zugluft. Nichts ist den Bienen schädlicher, als dieser unheimliche Luftzug. Im Frühjahr werden Völker, welche ihm ausgesetzt sind, so volksarm, dass sie die bereits ausgesetzte Brut nicht mehr belagern können und mit Riesenschritten rückwärts gehen. Zugluft scheint die Bienen langsam und gleichsam gleisnerisch-heimtückisch zu vergiften. Ob es auf einem Platz zugig sei oder nicht, erforscht man, wenn man sich an einem lauen Tag etwas erhitzt an den Ort stellt: empfindet man dann nach einigen Minuten ein Frösteln, welches über den ganzen Körper geht, so weht Zugluft daselbst. Alsdann stelle man an ihm, vermag man die Zugluft nicht durch Bretterwände zu beseitigen, ja keine Bienen auf.

Bäume, Sträucher und Gebäude schützen die Bienen zwar gegen Stürme, führen aber, wenn sie sehr hoch sind, mancherlei Übelstände herbei. Sind die Bäume in der Nähe des Bienenstandes sehr hoch, legen sich Schwärme bei windstillem Wetter oft in den Wipfeln an, und ihr Einfangen ist dann mühevoll, zeitraubend und gefährlich. Ist der Stand ringsum von hohen Gebäuden eingeschlossen, so erheben sich schwärmende Bienen sofort sehr hoch, senken sich dann jenseits der Gebäude nicht wieder, um sich anzulegen, sondern suchen das Weite. Ganz in der Nähe des Bienenstandes pflanze man Zwergbäume an, von denen Schwärme leicht und bequem eingeschlagen werden können.

Nach welcher Himmelsrichtung die Fluglöcher sehen müssen, damit die Völker gut durchwintern, sich im Frühjahr nach Wunsch entwickeln und im Sommer reichlich Honig eintragen, ist noch eine Streitfrage. Die Berufsimker im Lüneburgischen stellen im Herbst ihre Völker so auf, dass die Fluglöcher nach Süden sehen. Die Vorschwärme bekommen die Westseite und die Nachschwärme sehen nach Osten oder Norden. Der Stand wird so aufgestellt, dass um 9 Uhr die Sonne die Stöcke bescheint, welche nach Süden sehen.

In unmittelbarer Nähe breiter Ströme oder großer Teiche und Seen gedeihen Bienen nicht; denn über Gewässern ist stets ein kühler Luftzug. Die Bienen fühlen das stets, wenn sie über ein breites Gewässer fliegen müssen; sie steigen darum schon vom Ufer aus höher. Es fallen auch Bienen ins Wasser und kommen darin um.

Kann man es haben, so wähle man einen Platz, den man durch die Fenster der Wohnstube übersehen kann. Es bietet eine solche Lage dem Imker Bequemlichkeiten; man kann dann z.B. das Schwärmen wahrnehmen, ohne einen besonderen Aufpasser zu halten.

3. Arten der Bienenwohnungen

A. Wohnungen mit unbeweglichen Waben.

Die Klotzbeute ist wohl die ursprünglichste Form der Bienenwohnung. Sie dürfte auf die Weise entstanden sein, dass mit Bienen besetzte hohle Waldbäume über und unter dem Bienensitz abgeschnitten und nach Hause geschafft sind. Die Klotzbeute ist ein 40 bis 50 cm Dicke. (Abb. 5) Die Mündung der Aushöhlung ist ein backtrogähnlich ausgehöhlter Holzklotz von etwa 1,6 m Höhe und mit einem abnehmbaren Brettchen verschlossen. Berühmt waren bei den alten Bienenzüchtern die Lindenbeuten. Wer Geschmack besaß, stellte die Klötze nicht roh auf, sondern bezimmerte sie achtkantig. Erfahrungsgemäß gedeihen die Bienen in Klotzbeuten vortrefflich, weil die Klötze in der Regel so geräumig sind, dass sich das Volk mächtig entwickeln kann. Man verwerfe die auf dem Stand vorhandenen Klotzbeuten nicht, richte sie aber zweckmäßiger ein. Das Flugloch an dem Einsatzbrett beseitige man und bohre es der Tür gegenüber genau über dem Boden durch, damit man bei der Behandlung der Beute nicht im Flug der Bienen stehen muss. Die Höhlung arbeite man, sobald die Beute einmal unbesetzt ist, überall gleich breit aus, und durch ein eingeschobenes durchlöchertes Brettchen teile man den Innenraum derart in zwei Teile, dass auf den unteren (Brutraum) zwei Drittel und auf den oberen (Honigraum) ein Drittel kommen. Die dem Brutraum zugekehrte Seite des eingeschobenen Brettchens beklebt man mit Wabenstreifen, die parallel von rechts nach links laufen und 1,2 cm voneinander abstehen, weil so breit die Gassen zwischen den Waben sind. Sind später die Wabenfänge ausgebaut, so gehen alle Waben von rechts nach links, können an die Tür nicht angebaut werden und die Beute hat so genannten w a r m e n Bau. Liefen die eingeklebten Wachsstreifen von vorn nach hinten, so würde die Beute kalten Bau haben, weil der Wind, der zum Flugloch einbläst, in mehrere Wabengassen gelangt; die Bienen würden dann auch einige Waben an die Tür befestigen, so dass beim Öffnen der Beute Wabenstücke abreißen würden. Unmittelbar unter der Decke der Beute nagele man rechts und links Leistchen an oder bringe Fugen von 0,6 cm Tiefe an. Jetzt kann man dort Stäbchen (Wabenträger) auflegen, die ebenfalls mit Wabenstücken (Lehr- oder Richtwachs) beklebt werden. Solange die Bienen vom Honigraum nicht selbst Besitz nehmen sollen, belegt man das Teilungsbrett mit schwachen Brettchen (Deckbrettchen). Auch kann man die Klotzbeute mit Rähmchen ausstatten. Eine so eingerichtete Klotzbeute liefert reiche Honigernten und kann rationell behandelt werden. In liegenden Klotzbeuten ist die Behandlung der Bienen höchst unbequem; man arbeite sie, sobald sie einmal unbesetzt sind, in stehende Beuten um.

Der S t ü l p k o r b besteht aus Strohwülsten, die mit Tannenwurzeln, gespaltenen Weidenruten oder spanischem Rohr zusammengenäht sind; mit der offenen Seite ist er auf ein Brett gestülpt. Die drei gebräuchlichsten Formen des Stülpkorbes sind:

Der österreichische oder Ehrenfelssche Strohstülper, welcher noch in Preußen, Österreich usw. im Gebrauch ist. Im Haupt hat er eine Öffnung, in die ein Spund mit übergreifendem Rand passt. Der Innenraum beträgt etwa 25.800 ccm. Er wird von den Imkern benutzt, die frühzeitige und viele Schwärme haben wollen. Da der Stand sich gewöhnlich bei Beginn der Buchweizenblüte verdreifacht hat, liefert der Stülpkorb in guten Jahren reiche Erträge. Ist er ausgebaut, so muss man seinen Innenraum durch einen Untersatz (Ring) auf etwa 45.000 ccm bringen. Auch kann ihm ein Aufsatz gegeben werden.

Der Lüneburger Stülpkorb (Abb. 6), der Korb der Imker in der Lüneburger Heide, ist in der Form dem Ehrenfelsschen Stülper ziemlich gleich, nur ist er oben weniger glockenförmig. Das Flugloch hat er da, wo die Wölbung des Hauptes aufhört. In der Regel fehlt ihm das Spundloch im Haupt.

In dem Lüneburgischen, in Oldenburg, Holstein, Mecklenburg und angrenzenden Staaten ist der Strohkorb beim Großbetrieb fast ausschließlich im Gebrauch. Die Bienenzüchter in den Heidegegenden, wo die Bienenzucht im Großen betrieben wird, sind auf Wanderungen mit ihren Bienen angewiesen. Als Wanderstock übertrifft der Stülpkorb alle anderen Wohnungen. Die Herstellungskosten sind sehr niedrig, da jeder Berufsimker sich seine Körbe selbst meisterhaft flechtet. Die Überwinterung im Lüneburger Korb ist stets ausgezeichnet. Die Bearbeitung der Völker ist ungemein einfach und leicht. Auch ist er der beste Schwarmstock. In Gegenden mit Spättracht und Wanderung liefert der Betrieb im Strohstülper die besten Erträge.

Der Traubenstülper ähnelt im Allgemeinen einer Traube, da er oben platt und unten zusammengezogen ist. Der Deckel ist abnehmbar und hat in seiner Mitte einen Spund. Er ist offenbar eine zweckmäßige Bienenwohnung; denn oben finden die Bienen Platz zur Honigaufspeicherung und unten ist das Brutnest beschränkt. Sollte der Korb zu klein sein, so setze man einen Ring auf, um seinen Innenraum auf 45.000 ccm zu bringen.

Kegelstülper (Zuckerhut), Fassstülper (Bauch- oder Kugelstülper) und Würfelstülper sind unpraktische Bienenwohnungen.

Der Zylinder- oder Walzenkorb hat durchgehend gleiche Weite und ist entweder unteilbar oder teilbar.

Der Walzenständer ist ein Ganzstock und hat oben einen flachen abnehmbaren Deckel. Man zerschneide ihn in Kränze, die dann durch eiserne Klammern wieder aneinander befestigt werden können. Im Deckel schneide man ein Loch aus, das mit einem Spund zu verschließen ist.

Der Ringständer oder Ringkorb ist aus gleich weiten Strohkränzen (Untersätzen) zusammengesetzt und darum eine teilbare Bienenwohnung. Im Deckel bringe man einen Spund an, damit man in Aufsätzen Honig gewinnen kann.

Die Strohwalze, kurzweg Walze genannt, ist ein Ganzstock. Gewöhnlich hat sie 45.000 ccm Innenraum. Wird eine so große Walze mit einem starken Schwarm besetzt, so entwickelt sich das Volk im nächsten Jahr gewaltig und speichert große Honigmassen auf. Schwärme erhält man aus einer so geräumigen Wohnung selten. Ist die Walze bienenleer geworden, so arbeite man sie in einen Ringständer um.

Die Ringwalze ist, wie der Ringständer, aus gleich weiten Strohkränzen zusammengesetzt. Die Mündungen sind durch eingepasste Strohscheiben (Türen) verschlossen; in einer der Strohscheiben befindet sich das Flugloch. Ist die Walze bienenleer geworden, so benutze man sie fortan als Ringständer. Holzdeckel geben man keinem Ständer, weil sich Holz leicht wirft und nicht genug warmhaltig ist; gerade die Decke einer Bienenwohnung muss recht warmhaltig sein.

Der Torstock hat die Form eines durch eine dicke Mauer gehenden, oben gewölbten Tores; hinten und vorn hat er eine abnehmbare Tür. Um dem Stock Festigkeit zu geben, stellt man ihn in einen Holzrahmen, der vorn das Flugloch enthält.

Abb. 6. Lüneburger
Stülpkorb

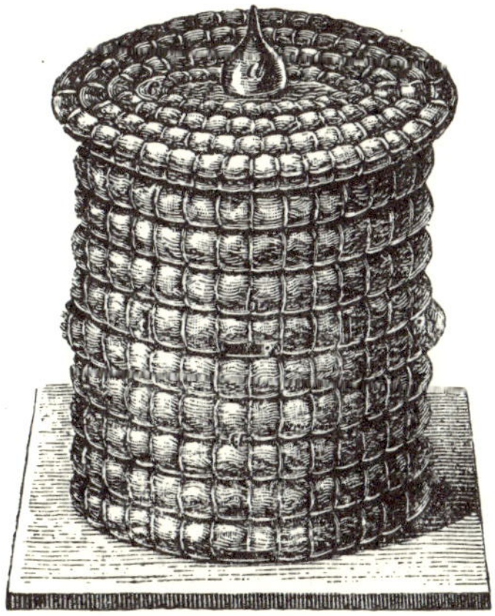

Abb. 7. Der Kanitzstock

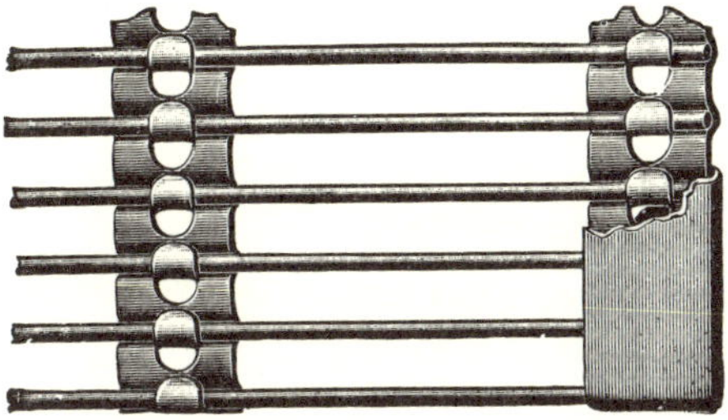

Abb. 8. Lindes Ideal-Absperrgitter

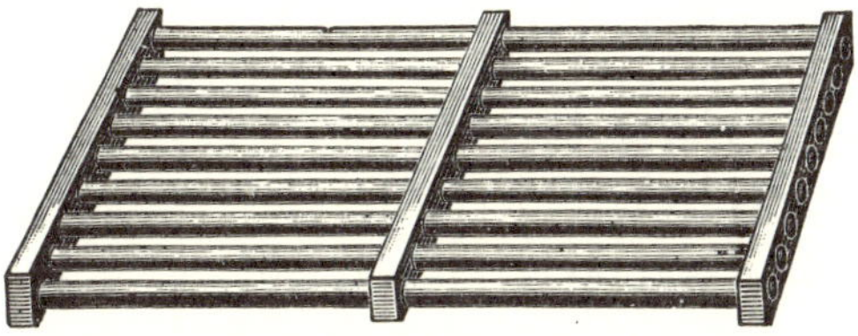

Abb. 9. Absperrgitter aus Holzstäben

Will man den Torstock nicht verwerfen, so bringe man da, wo die Wölbung beginnt, zu beiden Seiten Holzleisten an, auf die man Stäbchen mit Wabenanfängen legen kann. Damit die Bienen den gewölbten Raum mit Waben nicht wirr ausbauen können, bedecke man die Stäbchen mit Deckbrettchen, durch welche den Bienen alle Durchgänge zu dem gewölbten Raum abgeschnitten werden. So eingerichtet, ist der Torstock ein vortrefflicher Lagerstock; denn er ist von unten, von vorn und hinten zu behandeln.

Große Verbreitung hat der Kanitzstock, Abb. 7, gefunden. Er ist dem Landmann sehr zu empfehlen.

Außer den angegebenen Arten gibt es noch viele andere Stöcke mit unbeweglichen Waben; alle aber weichen sie in ihrer Form von den genannten nur unwesentlich ab.

B. Wohnungen mit beweglichen Rahmen

Dr. Dzierzon imkerte anfänglich mit dem Christschen hölzernen Magazinstock, dem er jedoch bald einen beweglichen Stäbchenrost gab. Löste er die Waben von den Seiten der Kästchen ab, ließen sich die Brut- und Honigwaben nach oben zu herausheben. Bald gab der große Meister den Kästen ein bewegliches Seitenbrett und befestigte im Innern an beiden Seitenwänden Leisten, auf die er die Wabenträger legte. Um dem Stock Haltbarkeit zu verschaffen, gab er ihm ein unbewegliches Bodenbrett. Mit Riesenschritten ging in Dr. Dzierzons Händen der Stock mit beweglichen Waben der Vollendung entgegen.

Zu den Wabenträgern nahm Dr. Dzierzon anfänglich 2,6 cm breite Holzstäbchen, an die er Wabenstreifen als Richtwaben anklebte. Um im Stock eine feste Dicke herzustellen, legte Dr. Dzierzon zwischen die Wabenträger 1,2 cm breite Stäbchen. Die vielen Zwischenhölzer und das Verschieben der Wabenträger im Brutraum beseitigte Baron von Berlepsch dadurch, dass er an den vier Ecken des Wabenträgers kleine Vorsprünge oder so genannte Ohren anbrachte. Dr. Dzierzon verhinderte Abweichungen in den Abständen der Stäbchen, indem er in die eine Seite derselben Drahtstifte einschlug und diese 1,2 cm vorspringen ließ. Dathe schlug sehr sinnreich die Abstandsstifte auf beiden Seiten abwechselnd ein; jetzt konnte die Wabe, wenn es aus irgendeinem Grund notwendig wurde, umgewendet in den Stock eingehängt werden.

Die an Stäbchen hängenden Waben wurden von den Bienen aber auch an die Seitenwände des Stockes und auf das darunter befindliche Stäbchen angebaut; jede Wabe musste daher, bevor sie herausgenommen werden konnte, an beiden Seiten und meist auch an dem darunter liegenden Stäbchen losgeschnitten werden. Standen aber die Stöcke wie ausgemauert voll Honig, so war das Lösen der Waben mühsam und zeitraubend; nicht selten brachen auch Waben von dem Stäbchen ab, und mitunter entstand eine widrige Honigschmiererei. Durch Nachdenken erfand Baron von Berlepsch die Rähmchen. Das Rähmchen umschließt die Wabe von allen Seiten, so dass sie nirgends an den Stock selbst angebaut werden kann. Vom Abbrechen einer Wabe und von Honigschmiererei kann beim Rähmchen nicht die Rede sein. Überall wurden daher die Rähmchen mit Jubel begrüßt, und heute ist das Stäbchen von dem Rähmchen verdrängt.

Die heute gebräuchlichen Bienenkästen können in zwei große Gruppen geschieden werden, nämlich in solche mit Behandlung von hinten und in solche mit Behandlung von oben. Der Imkerwitz hat sie Hinterlader und Oberlader getauft. Stehen bei den Kästen die Waben quer zum Flugloch, so nennt man das Warmbau. Sind dagegen die Wabenkanten dem Flugloch zu gerichtet, so spricht man von Kaltbau. Sowohl Hinterlader als auch Oberlader können für Kalt- und Warmbau eingerichtet sein.

Alle Bienenkästen haben das Gemeinsame, dass man eine Trennung in Brut- und Honigraum vornimmt. Der Brutraum steht der Königin zur Eiablage zur Verfügung und dient zur Aufzucht junger Bienen. Zum Honigraum, der sich in der Regel über dem Brutraum befindet, ist der Königin der Zugang durch ein Gitter versperrt, das wohl die Bienen durchkriechen können, das die Königin aber nicht hindurch lässt. Dadurch bleibt der Honigraum frei von Brut; der Honig kann rein geerntet werden. Das Absperrgitter liegt im Schiedbrett zwischen Brut- und Honigraum und besteht aus geschlitzten Zinktafeln, aus Holz- oder Drahtstäben. Die Gitter aus Zinkblech sind nicht sehr zu empfehlen, da die Bienen an den scharfen Kanten sich leicht die Flügel verletzen und beim Durchkriechen wenig Halt haben. Gut sind die Drahtgitter von Linde (Abb. 8) und die Holzgitter (Abb. 9).

Sehr zahlreich sind die Kastenformen und deren Namen. Alle sind aber mehr oder weniger Abänderungen von drei Grundformen: des Dathekastens, des Blätterstocks und der Thüringer Beute. Betrachten wir daher diese drei Wohnungsformen etwas näher.

Der Dathekasten hat in seiner ursprünglichen Einrichtung die Rähmchen auf der schmalen Kante stehend (Hochwaben). Der Stock zeigt Warmbau. Die Rähmchengröße ist dem Normalmaß angepasst. Über dem Brutraum liegt ein festes Schied, durch das ein Zugang zum darüber liegenden Honigraum führt. In dem Zugang liegt das Absperrgitter. Der Honigraum ist entweder für Halbrähmchen oder für Ganzrähmchen eingerichtet, d. h. er hat entweder nur die halbe, oder die gleiche Höhe als der Brutraum (Abb. 10 und 11).

Für trachtarme Gegenden genügen Kästen mit halbem Honigraum, in trachtreichen Gebieten würde ein ganzer Honigraum am Platz sein. Die Waben hängen an den vorstehenden Enden des Rähmchenoberteils in Nuten. Der Abstand zwischen den einzelnen Waben ist entweder durch eingeschlagene Stifte bewirkt, oder er wird durch aufgeschobene Hülsen oder Bügel (Abb. 12 und 13) erreicht. Hülsen oder Bügel sind besser als eingeschlagene Nägel, da sie beim Schleudern abgenommen werden können. Die Nägel bleiben leicht in den Maschen der Honigschleuder hängen. Die Räume können nach Belieben verengt

Abb. 10 Dathekasten mit halbem Honigraum

Abb. 11 Dathekasten mit ganzem Honigraum

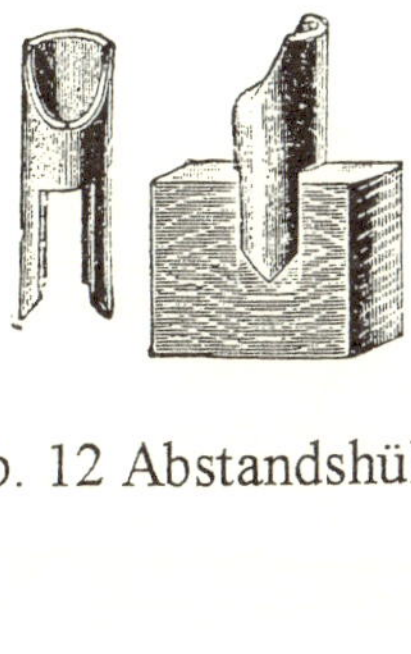

Abb. 12 Abstandshülsen

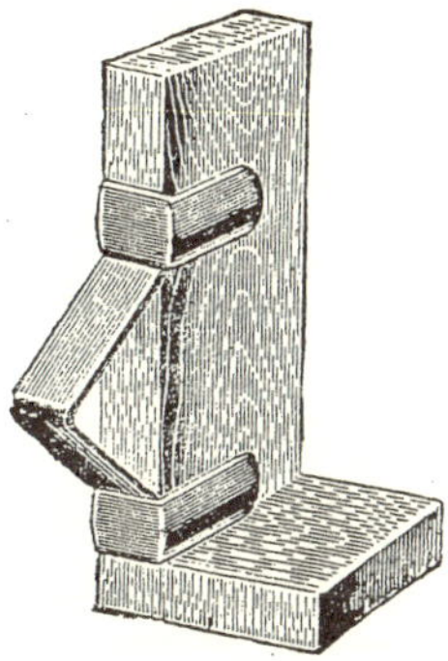

Abb. 13 Abstandsbügel

oder erweitert werden und fassen als Höchstzahl in der Regel 12 Rähmchen. Der Abschluss der Rähmchen nach hinten wird durch ein Fenster bewirkt. Es wird dicht an die Rähmchen herangeschoben und hat an seinem unteren Ende eine verschließbare Öffnung zum Füttern.

Vorn zeigt der Dathekasten 2 Fluglöcher, eins für den Brutraum und eins für den Honigraum. Die Weite des Fluglochs kann durch einen Blechschieber verändert werden.

Der Dathekasten wurde von dem Großimker Georg Dathe in Eystrup (Hannover) in den sechziger Jahren des vorigen Jahrhunderts konstruiert. Ihm ähnlich sind die Liedloffständer und andere.

Neuerdings ist man auch dazu übergegangen, den Dathekasten und ähnliche Beuten mit Breitwaben auszustatten, d. h. die Rähmchen sind auf die Seite verlegt. Der Dathe-Breitwabenstock, der Freudenstein-Zweietager und andere Wohnungen zeigen diese Einrichtung. Alle diese Wohnungsformen haben aber Warmbau.

Die Kästen mit Oberbehandlung (Oberlader) zeigen als Hauptmerkmal eine abnehmbare Decke, so dass die Rähmchen von oben zugänglich sind. Die Rähmchenbacken laufen in der Regel auf Schienen. Die Rähmchen können seitlich verschoben werden und so ist es möglich, an jedes beliebige Rähmchen zu gelangen und es herauszuheben. Diese Beuteform erfordert einen freien Raum oberhalb der Kästen, wodurch ihre enge Aufstellung im Bienenhaus sehr erschwert wird. Der Honigraum ist ein besonderer Aufsatz, der beim Hantieren im Brutraum jedes Mal abgenommen werden muss.

Das Urbild der Kästen mit Oberbehandlung ist amerikanischen Ursprungs und hat in dem Langstrohkasten (Abb. 14) wohl seinen verbreitesten Vertreter. In Deutschland wurde die Einrichtung der Oberbehandlung durch die Thüringer Beute in weiteren Kreisen bekannt (Abb. 15 und 16).

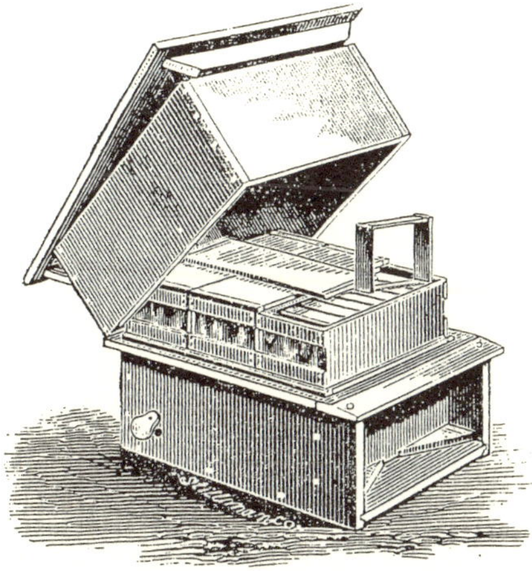

Abb. 14 Der Langstrothkasten

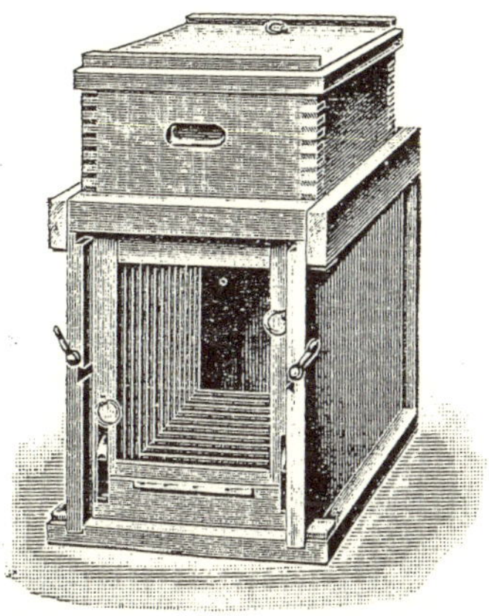

Abb. 15 Thüringer Einbeute

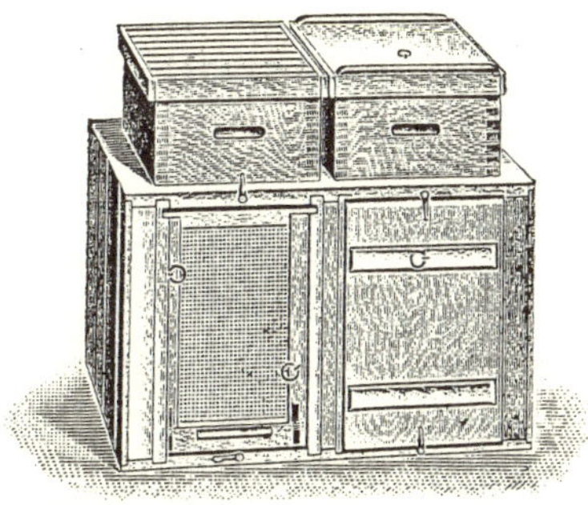

Abb. 16 Thüringer Zweibeute

Auch diese Beuteformen können sowohl für Hoch-, als auch für Breitwaben bestimmt sein. Es sind in dieser Art eingerichtet der österreichische Breitwabenstock, die Carr-Lindebeute, die Rhanbeute, der Försterstock.

Die Blätterstockeinrichtung weicht insofern von den bisher angeführten Kastenformen ab, als die Rähmchen mit der schmalen Kante gegen das Flugloch gerichtet sind, also Kaltbaustellung haben. Sie sind nicht in Nuten oder auf Schienen gehängt, sondern stehen auf einem Rost von starkem Draht. Der Abstand der Rähmchen voneinander wird durch Draht- oder schmale Blechbügel bewirkt, die an der Vorderwand des Kastens und am Fenster befestigt sind. Ist das Fenster abgenommen, so ist jedes Rähmchen zugänglich und auch blätterartig verschiebbar, da es keine hindernden Abstandsvorrichtungen aufweist. Der Honigraum ist fest mit dem Brutraum verbunden. Die Kästen können dicht aufeinander gestellt werden, erfordern daher weit weniger Raum als die Oberlader. Auch der Blätterstock kann als Breitwabenstock gebraucht werden (Abb. 17). Die Kuntzschbeute stellt eine Blätterstockeinrichtung dar, bei der der ganze Inhalt des Brutraumes auf einem herausziehbaren Schlitten steht.

Die Zahl aller im Gebrauch befindlichen Kastenformen ist durch vorstehende Aufstellung bei weitem nicht erschöpft, auch zeigen die Rähmchenmaße je nach der Gegend die verschiedensten Ausmaße. Dem Anfänger ist in allen Fällen zu empfehlen, sich erst bei anerkannt tüchtigen Bienenzüchtern seiner Gegend zu erkundigen, welche Kastenform für die betreffende Gegend am geeignetsten ist, ehe er sich selbst Kasten anschafft.

Unter den Strohstöcken mit beweglicher Wabe steht der C. J. H. Gravenhorstsche Bogenstülper obenan (Abb. 19). Damit alle Bogenstülper eine genau gleiche Höhe und Breite im Lichten erhalten, werden sie über eine Form gearbeitet. Auch die Rähmchen, so genannte Bogenrähmchen, werden über einer besonderen Form angefertigt. Die Abstandsregelung der Rähmchen wird

Abb. 17 Alberti-Blätterstock

Abb. 18 Alberti-Breitwabenstock

durch eine im Haupt des Korbes angebrachte Säge bewirkt; unten werden die Rähmchen mit Nägeln befestigt. Durch ein Scheidebrett kann man einen Teil des inneren Raumes abgrenzen. Jeder Imker, der Lust und Zeit dazu hat, kann sich den Stock selbst anfertigen. Weil er sich besonders zur Wanderbienenzucht eignet, fand er weite Verbreitung.

4. Aufstellung der Bienenwohnungen

Die Art und Weise, w i e man Bienenstöcke aufstellt, ist nicht gleichgültig, sondern von Wichtigkeit für das Gedeihen der Völker.

A. Wie man Bienenstöcke aufstellt

Weil die Bienen bei windigem Wetter gern niedrig fliegen, besonders wenn sie beladen nach Hause eilen, so ist es zweckmäßig, die Stöcke nicht sehr hoch aufzustellen, damit sich die Bienen auf dem Standplatz, wo sie den Flug bereits mäßigen, nicht nochmals erheben müssen. Höher als 1,5 m stelle man die Bienenstöcke überhaupt nicht auf. Schon die Bequemlichkeit spricht für niedrige Aufstellung; denn hoch stehende Stöcke sind schwer vom Platz zu heben, überhaupt schwierig zu behandeln. Am bequemsten stehen die Stöcke, wenn ihre Fluglöcher etwa in einer Höhe von 45 cm über der Erde ausmünden. Zu niedrig dürfen die Stöcke nicht stehen, weil sonst ihre Stand- und Bodenbretter von unten her feucht werden, was im Winter Verschimmeln und Verstocken des Baues verursacht. Von Steinen erbaute hohle Fundamente fülle man nicht mit Erde, sondern mit Schlacken, Holzkohlen usw. aus, um die Feuchtigkeit abzuhalten. Hohle Räume unter den Stöcken halte man stets recht reinlich; denn besonders sind es Spinnen, welche dort ihre Netze spinnen, in welchen sich Bienen fangen. Unter sehr niedrig und

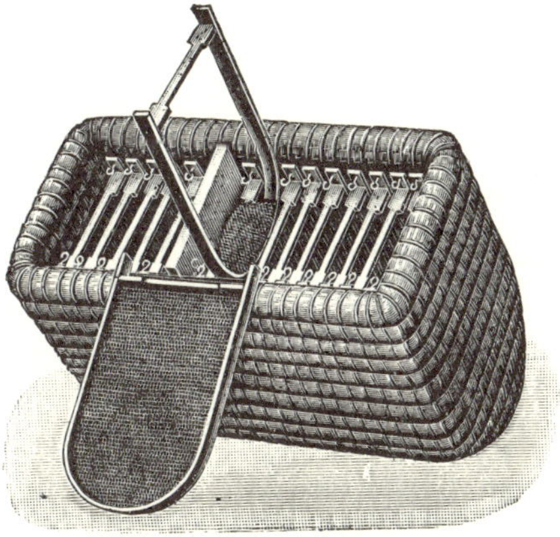

Abb. 19 Gravenhorstscher Bogenstülper

Abb. 20 Ein Lüneburger Bienenstand

hohl stehenden Stöcken halten sich auch Kröten auf, welche jede zu Boden fallende Biene verzehren. Ameisen gehen dem Honig nach und nisten sich gern an den gemauerten Fundamenten der Bienenstöcke ein. Um sie fern zu halten, mische man Asche unter das Material, womit man die Höhlungen ausfüllt. Petroleum vertreibt sie augenblicklich.

Wird der Bienenplatz von der Sonne beschienen, so stelle man die Stöcke so auf, dass sie von der Mittags- und Nachmittagssonne nicht getroffen werden. Nie dürfen die Sonnenstrahlen den Deckel des Stockes treffen, noch in das Flugloch brennen; denn geschieht dieses, so wird es im Innern der Wohnung zu warm und die Bienen legen sich müßig vor den Stock. Völker, deren Wohnungen von der Sonne nicht beschienen werden, tragen auch in den heißesten Tagesstunden emsig ein; denn außerhalb der Wohnung wird die Biene bei uns durch keinen Wärmegrad belästigt. Am zweckmäßigsten stellt man daher die Stöcke im Schatten der Bäume auf, die auf dem Bienenplatz oder an dessen Grenze stehen. Sind Bäume nicht vorhanden, so muss man durch breit überstehende Dächer und sonstige Vorrichtungen die heißen Sonnenstrahlen von den Stöcken abhalten.

Manche Bienenzüchter legen großen Wert auf die Himmelsgegend, nach welcher die Bienen ausfliegen. Sind nur die Stöcke gegen Stürme, Zugluft und Sonnenstrahlen geschützt, so ist es ziemlich gleichgültig, nach welcher Himmelsgegend das Flugloch ausmündet. Man richte das Flugloch gegen Morgen oder Mitternacht, dann nach Mittag; nur im Notfall lasse man die Völker gegen Abend fliegen, weil aus dieser Gegend bekanntlich die meisten Winde und Regen kommen.

Kommt eine Biene ohne Pollen und mit leerer Honigblase vor das Flugloch eines fremden Stockes, so wird sie sofort angehalten und berupft; lässt sie sich die Visitation willig gefallen, so wird sie in den meisten Fällen an- und aufgenommen. Versucht die fremde Biene aber mit Eile und in Hast in den Stock einzudringen, so wird sie in der Regel abgestochen. Bienen, welche mit Pollen oder Honig beladen sind und sich auf einen fremden Stock verirren, werden stets freundlich aufgenommen. Waren aber Bienen schwärmend ausgezogen und gehen sie wieder zurück und verirren sich dabei in Massen auf Nachbarstöcke, so entsteht in der Regel arge Beißerei. Stehen Stöcke nahe aneinander, so verirren sich auch junge Königinnen, wenn sie vom Begattungsausflug eilig heimkehren und finden dann im fremden weiselrichtigen Volk ihren Tod. Ist daher der Bienenplatz geräumig, so vermeide man es, die Stapel zu nahe aneinander aufzustellen. Bei Stabilbeuten stelle man die Vorschwärme von den Nachschwärmen gesondert auf.

B. Der Bienenschuppen für Körbe

Besonders in älterer Zeit errichtete man für die Bienenstöcke besondere Gebäude, Bienenschuppen (Bienenhütten, Bienenschauer, Bienenhäuser) genannt. Noch jetzt sieht man mitunter solche Bienenschuppen. Sie sind nach einer Seite hin offen, damit die Bienen freien Ausflug haben. Hauptsächlich hat der Bienenschuppen den Zweck, die Körbe gegen Unbill des Wetters zu schützen. Es kleben dem Bienenschuppen alter Bauart aber mancherlei Übelstände an. Noch nie fanden wir ein Bienenhaus alter Bauart, in welchem nicht hinter den Stöcken im so genannten Gang eine recht empfindliche Zugluft geherrscht hätte; denn tritt man etwas erhitzt in ein solches Haus und steht darin eine Weile still, so fühlt man sofort den kühlen Luftzug. Allgemeine Erfahrung ist, dass sich im Schauer gern Mäuse aufhalten, welche die Völker im Winter beunruhigen und oft sogar ruinieren. Gegen Diebstahl schützt selbst der festeste Bienenschuppen nicht. Der Hauptübelstand des Bienenschuppens aber ist seine Kostspieligkeit. In unseren Tagen baut man einen zweckmäßigen Schuppen unter 150 bis 300 Mk. nicht. Der Anfänger tut besser, für eine solche Summe lieber Bienenwohnungen und Bienenvölker zu kaufen.

Lehnt sich der Bienenschuppen an ein anderes Gebäude an, so ist in dem Gang in der Regel die empfindlichste Zugluft; ganz dasselbe ist der Fall, wenn er frei steht und eine eigene Rückwand hat. Wir raten darum, den Gang zwischen Körben und Hinterwand ganz wegzulassen. Bringt man statt der Hinterwand dicht hinter den Körben Türen an, die zu öffnen und zu schließen sind, so kann man die Völker ohne Gang bequem behandeln. Ganz unpraktisch ist es, der Ausflugseite einen festen Bretterverschlag zu geben, der nur Öffnungen für die Fluglöcher der Stöcke hat; man hat dann zu wenig Licht im Schuppen, auch verfliegen sich die Bienen stark. Ebenso unpraktisch ist ein Lattenverschlag, der gegen Diebstahl schützen soll. Wohl aber richte man die Ausflugseite so ein, dass sie im Winter durch Türen oder Laden fest verschlossen werden kann. Im Sommer, überhaupt während der ganzen Flugzeit, muss die Vorderseite geöffnet sein. Am geeignetsten ist es, diese nach Osten zu richten. Muss man sie gegen Mittag oder Abend stellen, so schütze man die Stöcke gegen die Sonne durch ein weit überstehendes Dach. Die Traufe lasse man nach hinten fallen. Lässt sich das nicht einrichten, so bringe man an der Ausflugseite eine Dachrinne an. Im Innern muss ein entsprechendes Gerüst gebaut sein, auf das die Stöcke in zwei Reihen übereinander aufgestellt werden können. Sonst baue man den Bienenschuppen nach Geschmack und den zur Verfügung stehenden Mitteln (Abb. 20).

In vieler Hinsicht recht praktisch sind die Schuppen, welche einen freien Platz von der Form eines Vier-, Fünf-, und Sechsseits usw. umschließen; alle Völker haben dann ihren Ausflug im Hof des Schauers. Hat der Schuppen unter dem Dach noch eine besondere Decke von Lehm, so kann die Sonne nicht auf die Stöcke einwirken, wenn sie lange Zeit hindurch auf das Dach scheint. Notwendig ist eine solche Decke sogar, wenn der Bienenschuppen ein Ziegeldach hat.

C. Die Aufstellung der Bienenkasten

Die Kasten mit Oberbehandlung werden vielfach mit einem besonderen Dach versehen und dann ohne weiteren Schutz im Bienengarten einzeln aufgestellt. Zuweilen werden auch zwei oder mehrere zu so genannten Mehrbeuten vereinigt und erhalten ein gemeinsames Dach. Auf älteren Bienenständen findet man auch Hinterlader zu so genannten Stapeln vereinigt. Diese Aufstellung bietet den Vorteil, dass ein besonderes Bienenhaus überflüssig ist. Ein wesentlicher Nachteil dieser Art der Aufstellung ist jedoch, dass alle Arbeiten an den Bienen im Freien vorgenommen werden müssen. Es kann da unter Umständen nicht nur das Wetter recht störend wirken, sondern in trachtlosen Zeiten belästigen auch die Bienen den Imker sehr stark bei der Arbeit. Oft bricht infolge dieser Art der Bearbeitung die schönste Räuberei aus.

Wer es sich daher nur irgend leisten kann, soll die Kasten im geschlossenen Bienenhaus aufstellen. Sie sind dadurch besser gegen die Unbilden des Wetters geschützt und halten länger. Der Imker kann bei jedem Wetter an den Bienen arbeiten und wird von fremden Bienen wenig oder gar nicht belästigt.

Das Bienenhaus muss hinter den Kästen genügend Raum zum Arbeiten und zur Aufstellung der nötigen Geräte bieten, vor allen Dingen muss es genügend hell sein. Am vorteilhaftesten sind Dachfenster, zu denen die abfliegenden Bienen streben und die sie durch einen kleinen offenen Spalt verlassen können.

Die früher so beliebte Pavillonform stirbt immer mehr aus, höchstens wird sie noch für die Aufstellung der Thüringer Beuten verwandt. Im Allgemeinen zieht man jetzt die einfrontigen Bienenhäuser vor, sie gewähren einen besseren Überblick über die an- und abfliegenden Bienen und können so gestellt werden, dass alle Fluglöcher vor scharfen Winden geschützt sind, was beim Pavillon nie zu erreichen ist.

Wenn irgend möglich, versehe man das Bienenhaus mit einem festen Fußboden. Holzböden halten warm, haben aber den

Nachteil, dass sich die Mäuse sehr leicht darunter einnisten. Sie beunruhigen die Bienen im Winter und sind sehr schwer wieder zu vertreiben. Festgestampfte Lehmböden oder noch besser Zementfußböden sind praktischer. Sie sind zwar kälter, lassen sich aber sauberer halten und bieten den Mäusen keinen Unterschlupf.

Vor der Flugseite des Bienenhauses muss ein mindestens 1 ½ m breiter Raum stets frei von Unkraut usw. gehalten werden. Zu empfehlen ist, den Boden in eben angegebener Breite etwa 15 cm tief auszuheben und die Höhlung mit Sägespänen auszufüllen. Diese Füllung ist leicht rein zu halten und lässt die Bildung von Wasserlachen nicht zu.

5. Bienenzucht-Gerätschaften

Die Bienenzüchter haben mancherlei Gerätschaften und Werkzeuge erfunden, sich das Hantieren an und mit den Bienen bequem und weniger zeitraubend zu machen. Wir nennen hier nur die Gerätschaften, welche das Behandeln der Körbe und Kasten wesentlich erleichtern.

A. In der Flugzeit halten starke Völker den Boden ihrer Wohnung selbst rein. Schwächere Völker lassen aber das Gemülle auf dem Boden liegen, wo sich dann die Wachsmotte einnistet. Die Bodenbretter müssen darum im Frühjahr und bei schwachen Völkern auch im Sommer von dem Gemülle gereinigt werden. In den Nuten der Beuten bringen die Bienen Kitt an, der sich dort nach und nach stark anhäuft und deshalb mitunter entfernt werden muss. Geräte zum Reinigen sind:

Die R e i n i g u n g s k r ü c k e besteht aus dem etwa 36 cm langen Stiel mit hölzernem Handgriff und der 1 cm hohen eisernen Krückplatte. Sie dient dazu, das Gemülle vom Boden der Beute zu entfernen (Abb. 21).

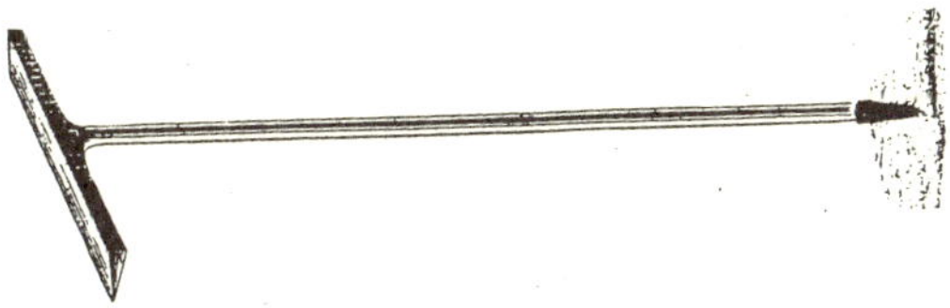

Abb. 21 Reinigungskrücke

Abb. 22 Rutenreiniger

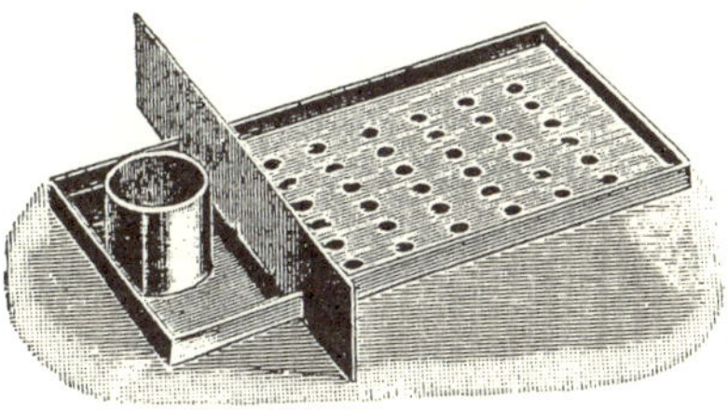

Abb. 23 Futtergeschirr für Kasten

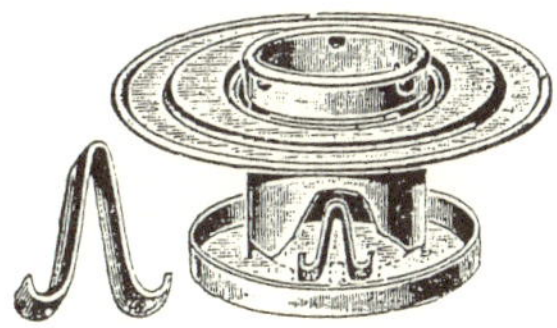

Abb. 24 Futterteller für Fütterung von oben

Abb. 25 Dahtepfeife

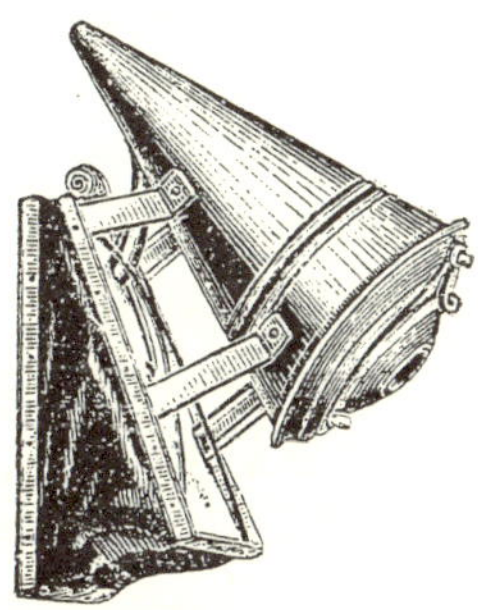

Abb. 26 Der Schmoker

Der Nutenreiniger ist von Eisen, hat aber einen hölzernen Handgriff. Das Ende ist rechtwinklig umgebogen. Der kurze Schenkel besteht aus Stahl und ist der Nutenform entsprechend geformt. Setzt man die dreikantige scharfe Stahlspitze in die Nute, so kann man den alten Kitt abreißen. (Abb. 22)

B. Als Futtergeschirr kann man im Fall der Not jeden Teller usw. benutzen. Das geeignetste Material zu Futtergeschirren ist Holz; denn Näpfe aus Porzellan sind leicht zerbrechlich, und Geschirr von Metall sind im Frühjahr zu kalt.

Für Körbe arbeite man den Futternapf aus 0,5 cm dicken Brettchen, die mit Drahtstiften wasserdicht zusammengenagelt werden. Man mache das Gefäß etwa 15 cm lang und breit und 2 bis 3 cm tief. Damit die Bienen im flüssigen Honig nicht ertrinken, mache man aus Rohrspeilen, Hobelspänen usw. ein Gitter, welches in den Lichtenraum des Futternapfes hineinpasst. Wird der Honig nach und nach aufgeleckt, so sinkt das Gitter nach.

Die Futtergeschirre für Kasten sind so eingerichtet, dass sie durch eine Öffnung am unteren Rand des Fensters unter die Rähmchen geschoben werden können. Ein nach außen vorstehender Teil ist durch ein Gitter abgetrennt und dient zum Eingießen des Futters. Durch Einsetzen von umgekehrten Flaschen, deren Öffnung nicht ganz auf den Boden reicht, kann man auch größere Mengen einfüttern (Abb. 23). Bei Kasten mit Oberbehandlung erweist sich die Fütterung von oben mit dem Thüringer Luftballon oder einer beliebigen Flasche als vorteilhaft. Zu dem Zweck wird in die Decke ein besonderer Futterteller eingesetzt (Abb. 24), in den man die Flasche mit der Öffnung nach unten hineinstellt.

C. Tabakrauch, Rauch von faulem Holz usw. schüchtert die Bienen ein und besänftigt zornig gewordene Völker. Man arbeite darum an den Bienen nie ohne Rauch.

Viele Imker bedienen sich der brennenden Zigarre, wenn sie die Bienen mit Rauch einschüchtern wollen.

Bei lange währenden und schwierigen Arbeiten bediene man sich der Imkerpfeife. Die Imkerpfeife zur Behandlung der Beuten ist eine gewöhnlich kurze Tabakspfeife, deren Kopf einen blechernen Hut trägt, der nach vorn in einem etwa 8 cm langen und am Ende nur stricknadelweiten Schornstein ausläuft. Stößt man die Luft in die Pfeife, so geht der Rauch horizontal nach vorn; bedarf man des Rauches nicht gegen die Bienen, so raucht man wie gewöhnlich. – Bei der Imkerpfeife für Stülpkörbe hat der Kopf eine horizontale Lage und das Rohr eine Richtung nach unten, so dass man den Rauch nach unten zwischen die Waben des gestülpten Korbes stoßen kann; der Schleimfang ist dann in der Mitte des Rohres angebracht.

Nichtraucher bedienen sich am besten der Dathepfeife, die nur zum Blasen eingerichtet ist und von unten angezündet wird (Abb. 25).

Hat man schwierige Arbeiten zu verrichten oder ist das zu behandelnde Volk sehr stechlustig, so gebrauche man die Rauchmaschine. Die beste Rauchmaschine ist der Schmoker. Er kann mit Tabak, aber auch mit trockenem faulen Holz, getrockneten Blättern usw. gefüllt werden. (Abb. 26)

D. Die Hauptwaffe der Arbeitsbiene ist der Stachel, von dem sie Gebrauch macht, sobald ihr Stock oder ihre Königin in Gefahr ist oder doch von ihr in Gefahr geglaubt wird. Die Biene sticht darum nur in der Nähe ihrer Wohnung und beim Einschlagen eines Schwarmes; in größerer Entfernung vom Stand und auf dem Feld ist die Arbeitsbiene furchtsam. Der Bienenstich bewirkt Schmerz und Geschwulst. Wurde man gestochen, so entferne man den Stachel möglichst bald aus der Haut; alsdann feuchte man die Stichwunde mit Speichel oder Wasser an, um alles Gift zu entfernen, das etwa noch an der Wunde sitzt. Durch kalte Umschläge (geriebene Kartoffeln, angefeuchteter Lehm usw.) versuche man Geschwulst zu verhindern oder doch zu mäßigen. Das beste Mittel gegen Bienengift ist Salmiakgeist. Einige Tropfen auf die Wunde gegossen, verhindern die Geschwulst. Um Bienenstiche nicht an die Augen und ins Gesicht zu bekommen, muss man Schutzmittel gebrauchen.

Wer im Gesicht nicht gestochen werden will, der schaffe sich eine Bienenkappe (Bienenhaube) an. Ihr Visier ist gewöhnlich ein Drahtgeflecht oder Pferdehaargeflecht, an dem ein Sack von leichtem Zeug hängt, der Kopf und Hals schützt, wenn die Kappe übergeworfen ist. In den letzten Jahren benutzten die Großimker mit Vorliebe den Bienenschleier. Er ist sehr luftig und leicht.

E. Die Waben nimmt man mit der Hand aus dem Stock. Stehen die Wabenträger aber dicht unter dem Deckel der Beute, so bedient man sich zum Herausheben der Rähmchen eines geeigneten Werkzeugs.

Der Wabenhaken ist ein Eisen- oder Messingdraht, der an einem Ende ringförmig gebogen ist; seine Spitze aber ist so stark geknickt, dass sie mit dem langen Schenkel einen etwas spitzen Winkel bildet. Mit ihm kann man verkittete oder sonst festsitzende Fenster und Türen losziehen, angekittete Wabenträger losbrechen und aus der Tiefe des Stockes hervorziehen.

Zum Herausheben der Waben bedient man sich der Wabenzange (Abb. 27). Griff und Lippe sind etwas nach unten gebogen, damit man nicht an den Deckel der Beute anstößt, wenn man Rähmchen herausnimmt. Praktischer ist die Wabengabel. (Abb. 28)

Prof. Grosse erfand den Wabenspiegel (Abb. 29). Für Stabilbau ist er unentbehrlich. Man führt ihn tief in die Wabengassen ein und kann so den Inhalt der Zellen feststellen.

Zur Behandlung der Körbe braucht man ein Zeidelmesser, das an einem Ende ein spatenförmiges, am andern ein winkelförmiges Messer hat.

F. Der Wabenknecht (Wabenbock) ist ein notwendiges Gerät zur Behandlung der Kasten. Er dient dazu, die aus der Beute gehobenen Waben solange unterzubringen, bis sie wieder zurückgehängt werden können. Man mache die Schenkel so lang,

Abb. 27 Wabenzange

Abb. 28 Wabengabel

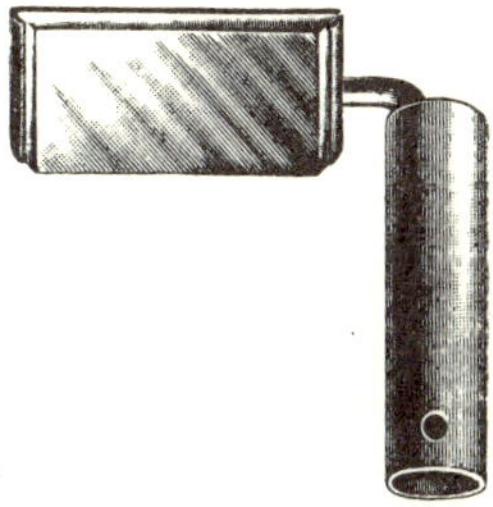

Abb. 29 Wabenspiegel

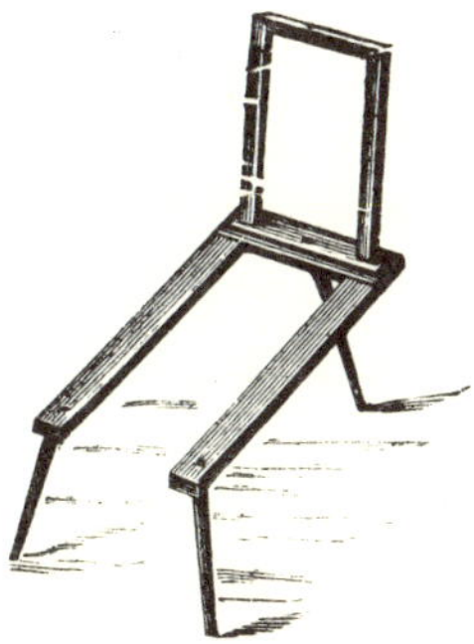

Abb. 30 Wabenbock

dass alle Waben einer Beute darauf Platz finden. Damit er überall und leicht aufgestellt werden kann, so richte man seine drei Füße etwas schräg nach außen. (Abb. 30)

Man bringe an dem Knecht einen Aufsatz für eine einzelne Wabe an, nämlich für die Wabe, auf welcher die Königin sitzt; denn hängt man diese Wabe unter die anderen, so läuft die Königin oft auf andere Waben, und man muss dann längere Zeit suchen, bevor man sie wieder findet.

Erst seit der österreichische Major v. Hruschka die Honigschleuder erfand, ist die Mobilaufzucht in Gegenden ohne Spättracht der Stabilbauzucht überlegen. Es gibt verschiedene Systeme von Honigschleudern. Die Hauptsache ist, dass die Schleuder ruhig und geräuschlos arbeitet. Wer etwas „klütern" kann, wird sich selbst eine anfertigen. Auf einem Mobilbaustand darf dies Gerät nicht fehlen. (Abb. 31). Vor dem Einstellen der Honigwaben in die Schleuder werden die Waben mit einem Messer entdeckelt. (Abb. 32).

Ebenso wichtig als die Honigschleuder ist die Wabenpresse. Johannes Mehring, Tischler in Frankenthal, erfand die Presse zur Herstellung künstlicher Mittelwände. Wer Bienenzucht mit Erfolg treiben will, wendet den Vorbau an. Heute ist die Kunstwabenfabrikation weit vorgeschritten. Da aber manche Fabrikanten Ceresin, Caranaubawachs usw. mit Wachs vermischen und somit nicht reine Bienenwachswaben liefern, ist es rätlich, dass der Imker sich seinen Bedarf selbst anfertigt. Eine sehr praktische Presse für den Kleinbetrieb liefert Rietsche in Biberach (Baden). (Abb. 33)

Um ausgebaute und gefüllte Waben vor Motten zu schützen und sortiert aufzubewahren, ist ein Wabenschrank nötig. Wer aber die Bienenzucht im Großen betreibt, richtet sich in einem Zimmer ein Gestell her, in das er die Waben hängt.

Um künstliche Mittelwände leicht, genau und dauerhaft an den Rähmchen zu befestigen, bedient man sich der Lötlampe. (Abb. 34)

Abb. 31 Honigschleuder geöffnet (mit Korb) und fertig zum Betriebe

Auch die Klammern von Heidenreich-Sonnenburg sind ungemein praktisch.

Sehr praktisch ist auf jedem Bienenstand ein Sonnenwachsschmelzer. Die unbrauchbaren Wabenstücke, Wachsteilchen usw. werden in ihm ausgeschmolzen und nicht von Motten vernichtet. (Abb. 35)

In Gegenden mit Buchweizen- und Heidetracht ist eine Honigpresse erforderlich, die auch zugleich zum Wachspressen benutzt wird. Sie sind im Handel als Hebel- und Schraubenpressen zu haben. Kleineren Betrieben ist zum Auspressen des Wachses der Gebrauch eines Dampfschmelztopfes zu empfehlen. (Abb. 36)

6. Ankauf von Bienenvölkern

Nachdem auf dem Bienenstand die nötigen Vorbereitungen getroffen sind, kann der angehende Imker Bienen ankaufen. Am billigsten kauft man eben eingeschlagene Schwärme. Starke und zeitige Schwärme bekommt man selten zu kaufen; spätere Schwärme aber kaufe man nicht, weil sie in der Regel die nötigen Wintervorräte nicht eintragen, darum im Herbst gefüttert werden müssen und dann im Winter oder Frühjahr nicht selten doch noch zu Grunde gehen. Der Anfang in der Bienenzucht soll nicht auf gut Glück hin mit Schwärmen gemacht werden, wie sie vom Baum eben eingeschlagen wurden. Der Anfänger kaufe nur gute alte Völker. Die geeignetste Zeit zum Ankauf ist das Frühjahr. Haben die Bienen im Frühjahr bereits Ausflüge gehalten, darf man aus dem Wohnort nicht Völker kaufen, weil sich viele Bienen auf ihren früheren Standort verfliegen würden, nachdem der Standort verändert wurde. Der Anfänger kaufe Völker aus einem fremden Ort unmittelbar vor dem Beginn der mutmaßlichen ersten Honigtracht. Wenigstens kaufe man zwei gute Völker; mehr als zehn Stöcke zu kaufen, ist nicht anzuraten, weil

Abb. 32 Entdeckelungsmesser

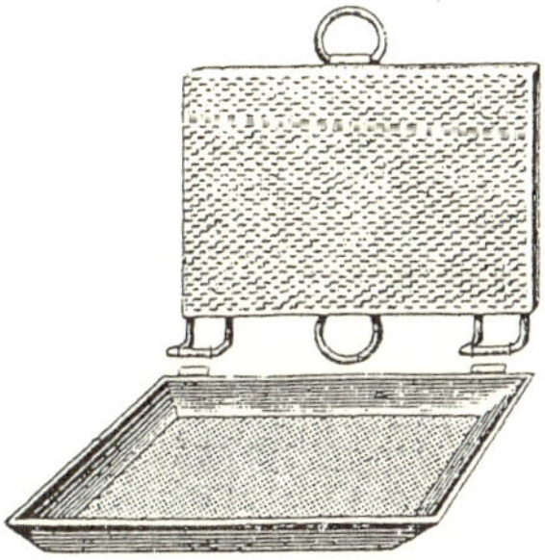

Abb. 33 Wabenpresser

Abb. 34 Lötlampe

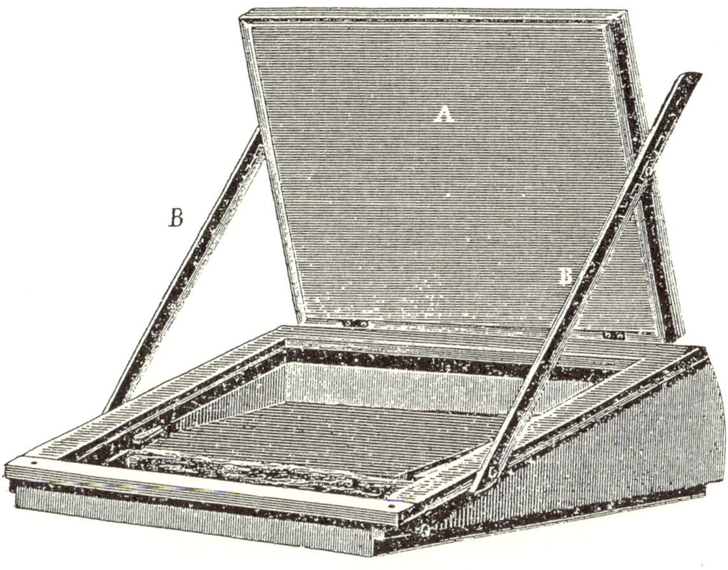

Abb. 35 Sonnenwachsschmelzer;
A Reflektor; B, B Stangen zum Stellen des Reflektors

eine größere Anzahl dem Anfänger so viel Arbeit machen würde. Erlaubt es der Geldbeutel, so kaufe man Völker in Kasten. Korbstöcke kauft man billiger. Kennt der Anfänger nicht einen zuverlässigen Imker, der Bienen verkauft, so nehme er sich einen befreundeten Züchter mit auf den Handel. Anders liegt die Sache, wenn der Anfänger die Bienenzucht theoretisch und praktisch erlernt hat und will dieselbe im Großen betreiben. Ein solcher Bienenwirt wird gleich mindestens 30-40 Kastenvölker oder 60 Korbvölker anschaffen.

Hat ein Volk in der zweiten Hälfte des Aprils bereits reichlich Brut, so besitzt es eine gute und taugliche Königin. Um ein Volk mit noch junger Königin zu erwerben, kaufe man ein solches, welches im vorangegangenen Sommer geschwärmt hat. Alsdann sehe man auf Volksreichtum; denn nur ein starkes Volk liefert Ertrag. Stöcke mit altem Bau kaufe man nicht; ist der Bau nicht schwarz, sondern nur bräunlich, so kaufe man den Stock getrost. Auch suche man Stöcke aus, die nur wenig oder gar keine Drohnenzellen haben; ganz besonders sehe man darauf, dass das Brutlager von Drohnenzellen möglichst frei ist. Jedem Anfänger ist zu raten:

1. Schaffe nicht zu viele Völker an, denn Lehrgeld muss jeder bezahlen. Wer als Liebhaber nur mit wenigen Stöcken beginnt, zahlt auch verhältnismäßig geringes Lehrgeld.
2. Kaufe von einem tüchtigen und bekannten Bienenwirt die Völker, damit du nicht faulbrütige Bienen bekommst.
3. Kaufe nur hiesige Bienen, weil sie bedeutend billiger sind als die bunten ausländischen.

Kauft man Völker im Frühjahr, so kann man sie zu jeder Tageszeit fortschaffen; morgens oder abends, wenn die Bienen nicht fliegen, blase man einige Züge Tabaksrauch durch das Flugloch in den Stock, um die Bienen einzuschüchtern. Hierauf hebt man den Korb vom Standbrett und stellt ihn auf ein ausgebreitetes dünnes Tuch, das man sofort mit einer Schnur um den Korb befestigt. Sind die angekauften Völker in Kasten, so entnimmt man ihnen das Fenster und stellt die Tür wieder ein. Die Rähmchen sind jetzt fest angekittet und brechen auf der Reise nicht los. Wurden die Wabenträger vorher aus ihrer Verkittung gelöst, so muss man ihnen durch Leisten und Nägel eine feste Lage geben.

Auf dem Wagen breitet man eine dicke Strohschicht aus. Körbe stellt man umgekehrt, d. h. mit der verbundenen Mündung nach oben auf den Wagen. Im Lüneburgischen hat man für die Wanderung besonders eingerichtete Wagen. Statt des Brettes liegt eine starke Leiter. Deshalb werden die Bienenvölker so verladen, dass die erste Schicht auf dem Tuch zu stehen kommt, die zweite Schicht hat das Tuch oben. Alle Räume zwischen den Körben stopft man mit Stroh aus, damit die Stöcke fest stehen. Kasten stellt man aufrecht auf den Wagen. Besonders im Anfang der Fahrt brausen die Bienen sehr stark auf; man befürchte deshalb nicht, dass sie zu Grunde gehen werden.

An Ort und Stelle angekommen, hebt man die Stöcke in senkrechter Lage vom Wagen. Sind sie auf dem neuen Stand aufgestellt, so öffne man das Flugloch erst nach einigen Stunden, nachdem die Bienen sich beruhigt haben. Selbstverständlich müssen die Bienen Luft behalten. Korbvölker legt man so lange auf die Seite.

B. Die Auswinterung der Bienen

Im Winter sterben die wenigsten Bienenvölker; die meisten Völker gehen in der Zeit ein, die zwischen dem ersten Reinigungsausflug und der ersten Honigtracht liegt. Wir nennen diesen Zeitabschnitt „die Auswinterung der Bienen“. Da eine gute Überwinterung das Meisterstück der Bienenpflege ist, so setzt sich der Imker mit einer guten Auswinterung die Krone aufs Haupt.

1. Der erste allgemeine Reinigungsausflug

Bei uns muss die Biene wegen Rauheit und Kälte der Luft gar nicht selten drei bis fünf Monate hindurch, ohne nur einmal ausfliegen zu können, in ihrer Wohnung sitzen. Die Monate November und Dezember durchleben die Bienen meist gefahrlos; denn in diesen beiden Monaten sitzen sie fast regungslos unter dem Honig und zehren nur sehr sparsam. Mit der höher steigenden Sonne erwacht aber das Bienenvolk zu neuem Leben und neuer Tätigkeit. Ist die Kälte nicht gar zu grimmig, so beginnt die Königin mit der Eierlage schon im Januar, und die Arbeitsbienen nehmen größere Portionen Honig und Pollen zu sich, um in ihren Leibern Futtersaft für die Larven zu bereiten. Eine Folge der stärkeren Zehrung von Honig und Blumenstaub ist, dass sich große Kotmassen im Dickdarm der Biene anhäufen. Weil nun die Arbeitsbienen in gesundem Zustand instinktmäßig ihren Unrat nie im Stock von sich geben, so wird der Drang, sich des Unrats auf einem Ausflug zu entledigen, immer größer, je länger sich der Eintritt gelinder Tage verzögert. Solange aber noch allgemein Schnee liegt, lasse man die Bienen in ihrer Winterruhe; denn Schnee wirft das Sonnenlicht stark zurück und blendet die Bienen so sehr, dass sie nicht der Sonne zufliegen, sondern geradezu in den Schnee fahren und auf ihm erstarren. Tritt von Ende Februar ein windstiller Tag ein, an dem das Thermometer im Schatten wenigstens 8° C über Null zeigt, so lasse man die Völker fliegen und sich reinigen. Man klappt die Laden der Bienenschuppen in die Höhe und erweitert die im Herbst verengten Fluglöcher. Stöcke, welche in einem besonderen Raum, z.B. einem Keller, einer Erdgrube usw. stehen, bringt man wieder auf den Stand und stellt sie genau auf ihren alten Platz. Bei Strohkörben entfernt man die Blenden, damit die Sonne ins Flugloch scheint.

Fliegen einige Völker nicht, so lasse man sie in Ruhe, sie haben noch nicht das Bedürfnis nach einem Ausflug. Würde man sie mit Gewalt zum Ausflug reizen, so würden sie in erster Linie über das Futter herfallen und auf Kosten des Frühjahrsvorrats übermäßig zehren.

Ganz besondere Aufmerksamkeit ist den Völkern zuzuwenden, welche etwa von der Ruhr befallen sind. Diese Völker reize man zu einem Ausflug; denn können sich die Tiere ihres Unrats entledigen, so ist das Übel sofort gehoben.

Die Billigkeit erfordert es, die Hausfrau und Nachbarsfrauen von dem Reinigungsausflug in Kenntnis zu setzen, damit sie an diesem Tag nicht Wäsche in der Nähe des Bienenstandes im Freien aufhängen.

In der Nähe der Stöcke fallen viele Bienen zur Erde nieder und erstarren, wenn sie nicht von der Sonne beschienen werden. Man tut darum gut, den Boden vor den Stöcken mit feinem Torfgemüll usw. zu bestreuen; von diesem fliegen die ermüdet niedergefallenen Bienen bald wieder auf.

2. Die Reinigung der Stand- und Bodenbretter

Gestattet es die Witterung, so beginnen die Bienen nach Beendigung des ersten Frühlingsausflugs sofort mit der Reinigung ihrer Wohnung. Zuerst schaffen sie die Leichen aus dem Stock, welche im Bau hängen blieben. Ist der Stock volkreich, so bringt er auch sogleich d i e Leichen heraus, welche auf dem Bodenbrett liegen. Das Gemüll, welches auf dem Boden liegt, räumen die Bienen jetzt nur so weit aus, als sie bereits auf dem Brett lagern. Der Leichenträger fällt aber in der Regel mit seiner Bürde vor dem Stock auf die Erde nieder, und nicht selten hängt die Leiche mit den Krallen ihrer Füße an dem Leichenträger so fest, dass er sich nur schwer und langsam loswinden kann. Ist der Erdboden noch nass und kalt, so erstarren die niedergefallenen Arbeitsbienen sehr bald und werden neben den Leichen zu Leichen. Es ist darum vorteilhaft, den Bienen das Herausschaffen der Toten abzunehmen. Man reinige die Stand- und Bodenbretter von den Toten und dem Gemüll vor dem Ausflug. Lässt sich die Reinigung vor dem Ausflug nicht durchführen, so verschiebe man sie bis nach Beendigung desselben. Während des Ausfluges darf man die Arbeit nicht verrichten, denn es könnte sich die Wohnung abkühlen, und dann würden die Bienen mit dem Ausflug sofort anhalten.

Das Verfahren bei der Reinigung ist sehr einfach. Da, wo die Standbretter der Körbe beweglich sind, wechselt man die Bretter. Man nimmt den ersten Korb und stellt ihn sofort auf ein überzähliges trockenes Standbrett. Dann reinigt man das weggenommene Brett und stellt den zweiten Korb auf die trockene Seite dieses gereinigten Brettes, Standbretter, welche auf einer Seite hervorstehende Leisten haben, sind unpraktisch, weil man nur eine Seite derselben benutzen kann. Vorteilhaft ist es, die Leisten, welche das Werfen der Standbretter verhindern sollen, auf den Grad einzuschieben, so dass sie mit dem Brett eine ebene Fläche bilden; dann können beide Seiten zum Aufstellen der Körbe benutzt werden. – Stehen die Körbe auf einem gemeinschaftlichen Brett, wird ein Gehilfe große Dienste leisten können. Man hebt dann den Korb in die Höhe und der Gehilfe reinigt den Platz mit der Krücke und kehrt ihn mit einem Federfittich rein. Überwintert man die Körbe in einem besonderen Raum, so reinige man die Bodenbretter in diesem Raum; denn beim Fortbringen werden die Bienen beunruhigt, kommen wohl gar bis aufs Bodenbrett herab und belästigen dann den Imker, wenn er den Korb aufkippt. – Bei Kasten öffnet man den unteren beweglichen Teil der Fenster und zieht die Toten und das Gemülle mit der Reinigungskrücke hervor.

Die Toten und das Gemülle eines jeden Stockes werden neben den betreffenden Stock oder auf ein besonderes Brett gelegt, und man merkt genau an, von welchem Stock jedes Leichenhäuflein ist. Schon während des Ausflugs durchsuche man die Toten recht genau, um einen Überblick über die Menge der Toten jedes einzelnen Volkes zu erhalten, und um zugleich zu erfahren, ob etwa eine königliche Leiche darunter sei usw. Eine tote Königin lässt auf Weisellosigkeit schließen. Findet man in dem Gemüll abgenagte Deckel von Weiselzellen, so kann man Weiselunfruchtbarkeit vermuten; liegen unter den Toten viele Drohnennymphen, so ist der Stock sicherlich drohnenbrütig; einzelne heruntergeworfene Arbeiternymphen lassen auf Weiselrichtigkeit schließen usw. Auch Maden der Wachsmotte sind Beweis der Weiselrichtigkeit. Alles bei der Untersuchung Beobachtete muss sofort bei der betreffenden Nummer des Stockes im Notizbuch angemerkt werden, weil man Stöcke, an welchen Unregelmäßigkeiten bemerkt werden, fortan genau und sorgfältig beobachten muss.

Alles Gemülle schütte man in ein Gefäß und siebe es, um die toten Bienen daraus zu entfernen. Unter dem Gemülle befinden sich die Wachsblättchen, mit welchen die nun ausgezehrten Honigzellen verschlossen waren. Übergießt man das Gemülle mit kochendem Wasser, so erhält man brauchbares Wachs, das der Anfänger zum Ankleben der Richtwaben verwenden kann.

3. Beobachtung der Völker nach dem Reinigungsausflug

Nach Beendigung des Reinigungsausfluges beobachte man die Stöcke recht sorgfältig, um etwa weisellose oder weiselunrichtige beizeiten zu entdecken. Kommen bei einem Stock noch nach beendetem Ausflug Bienen zum Flugloch heraus, laufen ängstlich suchend auf dem Ausflugbrett umher, fliegen ab und kehren sofort wieder zurück, so ist der Stock der Weisellosigkeit verdächtig. Legt man das Ohr an den Stock und brummen und brausen die Bienen nicht in gleichmäßig starkem Ton fort, sondern toben und heulen sie, werden still und heulen abermals auf, so ist der Verdacht der Weisellosigkeit sehr stark. Um den Ton weiselrichtiger Bienen von dem weiselloser unterscheiden zu können, lege der Anfänger das Ohr an Stöcke, über deren Weiselrichtigkeit kein Zweifel vorhanden ist und dann sofort wieder an den verdächtigen Stock, und er wird jetzt imstande sein, das Brausen vom Heulen zu unterscheiden. Am Besten kann man das Heulen vom gewöhnlichen Brausen unterscheiden, wenn man das Ohr des Abends an den Stock legt und mäßig an die äußere Wand klopft. Lassen die Bienen den klagend-heulenden Ton hören, der bis auf einen gewissen Grad an Stärke zunimmt, dann ab- und abermals zunimmt, so ist der Stock im Notizbuch als weisellos zu notieren. Bei Kastenstöcken kann man den brausenden Ton vom heulenden ganz deutlich unterscheiden, wenn man die Tür öffnet und etwas Rauch zwischen die Waben bläst.

Schwerer wird es dem Anfänger, Völker mit unfruchtbaren oder drohnenbrütigen Königinnen am Ton zu erkennen. Ein Volk mit ganz unfruchtbarer Königin lässt nach dem Anklopfen zwar auch einen heulenden Ton vernehmen, dieser ist jedoch nicht deutlich ins Ohr fallend. Selbst Völker mit drohnenbrütigen Königinnen heulen schwach. Da die Bienen in so früher Jahreszeit Drohnen noch nicht haben wollen, reißen sie die Drohnennymphen, bevor sie vollkommen reif sind, aus den Zellen und werfen sie auf den Boden. Findet man daher wiederholt Drohnennymphen auf dem Bodenbrett, so ist der Verdacht der Drohnenbrütigkeit begründet. Nur schließe man noch nicht von einigen Drohnennymphen, die man auf dem Boden sieht, schon auf Drohnenbrütigkeit; denn in einem starken Volk setzt eine ältere gesunde Königin mitunter schon im Februar einige Drohneneier in Arbeiterzellen; jedoch nur selten lassen die Bienen in so früher Jahreszeit die Drohnen auskriechen.

Aus der Stärke des brausenden Tones kann man auch einen Schluss auf die Volksstärke der Stöcke machen. Völker, welche des Abends bloß ein leises Murmeln hören lassen, sind nur höchst mittelmäßig stark; hört man die Bienen nicht einmal murmeln, so ist das Volk zu schwach, um als selbständiges Volk bleiben zu können. Alle Beobachtungen sind aufzuschreiben.

Jedes Volk, das in den Winter genommen wurde, musste im Herbst wenigstens 20-24 Pfund inneres Gut (d. i. Bienen, Waben, Honig und Blumenmehl) haben, um mit seinem Vorrat bis dahin zu reichen, wo ihm ohne Gefahr Futter gereicht werden kann. Da die Bienen, wenn sie gegen zu strenge Kälte geschützt sind, vom November an bis zum ersten Reinigungsausflug hin durchschnittlich nur 6-10 Pfund Honig verzehren, haben vorschriftsmäßig eingewinterte Völker jetzt noch auf einige Zeit Nahrung.

4. Das Tränken der Bienen

Die Bienen können nur flüssigen Honig zu sich nehmen. Da der Honig jetzt dickflüssig und größtenteils verzuckert ist, brauchen sie Wasser, um ihn wieder flüssig zu machen. Der Bien hat drei verschiedene Wasserquellen. Wasser befindet sich zunächst im Honig. Im Frühjahr ist aber das Wasser aus dem Honig größtenteils entwichen und das in ihm gebunden noch vorkommende Wasser ist nicht ausreichend, ihn wieder dünnflüssig zu machen. Das meiste Wasser beziehen die Bienen im zeitigen Frühjahr, solange sie noch nicht ausfliegen können, aus den wässerigen Niederschlägen, die sich an den kühlen Stellen des Stockes ansetzen. Die Niederschläge sind das Wasser, welches der Bienenkörper ausdünstet und welches mit der atmosphärischen Luft in den Stock kommt. An Tagen, welche Ausflüge gestatten, sehen wir die Arbeitsbienen an Gräben, Pfützen usw. Wasser aufsaugen, um es einzutragen; sie ergießen es aber nicht in die leeren Zellen, sondern teilen es sich sofort gegenseitig mit.

Nach dem ersten Reinigungsausflug ist es oft Wochen hindurch so rau und kalt, dass die Bienen nicht nach Wasser ausfliegen können und darum nur die Wasserquellen haben, welche sich im Stock vorfinden. Können die Dünste aus dem Brutraum entweichen oder schlagen sie an solchen Stellen im Stock nieder, wo sie von den Bienen nicht aufgeleckt werden können, so tritt sehr bald Wassermangel ein. Fehlt es an Wasser, so fallen die Bienen zunächst über die noch bedeckelten Honigzellen her, beißen sie auf und saugen das zwischen den Wänden der Honigkristalle sitzende Wasser aus und werfen die trockengeleckten Kristalle herunter. Auf dem Bodenbrett liegende Honigkörnchen sind daher Anzeichen des eintretenden Wassermangels. Aber bald wird die Not größer. Jetzt brausen die Bienen, um durch erhöhte Wärme den Honig flüssig zu machen. Weil aber durch das Brausen die Waben und Wände des Stockes um den Bienenklumpen herum erwärmt werden, so bildet sich der Niederschlag nur in dem kühleren unteren Teil der Wohnung, wo ihn die Bienen nicht auflecken können. Große Nässe im Stock ist also ebenfalls ein Kennzeichen des Wassermangels. In der höchsten Not saugen die Bienen Eier und Larven aus und reißen selbst die Nymphen aus den Zellen. Schon jetzt ist ein Teil der Arbeitsbienen erschöpft; sie können sich im Bau nicht mehr halten, fallen herunter und wälzen sich mit dick geschwollenen Leibern auf dem Boden, bis sie sterben. Tritt noch nicht Abhilfe ein, so herrscht der Tod fort und in wenigen Tagen ist der Bienenstock nur noch ein Leichenhaus.

Erreicht die so genannte Durstnot auch nicht immer einen so hohen Grad, dass die Bienen verdurstend sterben, so vergeudet ein durstendes Volk doch vielen Honig, weil es ihn herunterschrotet. Das durstende Volk zehrt aber auch sehr stark, weil das Brausen Kraftanstrengung und Kraftaufwand stärkere Zehrung nötig macht, um die aufgetriebene Kraft wieder zu ersetzen. Bemerkt daher der Imker am Brausen und an heruntergeworfenen Honigkrümchen, dass es dem Volk an Wasser mangelt, so muss er auf Abhilfe sinnen. In welcher Art und Weise für Wasser gesorgt werden muss, hängt mit von der Art der Bienenwohnung ab. Bei Strohstülpern und Strohständern zieht man den Spund heraus und legt einen mit Wasser getränkten Waschschwamm oder Zeuglappen auf. Auch kann man eine Flasche mit Wasser füllen, sie mit einem Schwamm verstopfen und den Hals durch das Spundloch bis an den Bau bringen, so dass die Bienen an dem sich feucht haltenden Schwamm saugen können.

Ganz von selbst versteht es sich, dass man Spund und Wasserflasche warmhaltig verpacken muss, damit sich die Wohnung nicht abkühlt. Dem Kasten kann man eine mit lauem Wasser angefüllte Wabe in der Nähe des Bienensitzes einstellen. Um die Wabe auf beiden Seiten mit Wasser anzufüllen, senke man sie senkrecht recht allmählich in ein Gefäß mit Wasser; es laufen dann alle Zellen voll Wasser. Waben, welche nur Drohnenzellen enthalten, eignen sich besonders hierzu. Es genügt auch, wenn bloß die Zellen einer Seite mit Wasser gefüllt werden; dann kann man das Wasser in die Zellen gießen. Um durch das Wasser den Stock nicht abzukühlen, verwende man lauwarmes Wasser. Weil man aber durch das Aufbrechen des Stockes das Volk sehr beunruhigt, so hebe man bloß ein Deckbrettchen des Brutraumes auf und setze ein passendes Kästchen mit losem Deckel ein, dessen Boden quer gehende 0,6 cm breite Ausschnitte hat. In das Kästchen lege man einen mit Wasser voll gesogenen Waschschwamm, setze den Deckel auf und verpacke das Kästchen warmhaltig. Die Bienen lecken nun an dem Schwamm Wasser auf. Neben den Schwamm kann man auch ein Stück Kandis legen. Etwa alle drei Tage muss der Schwamm frisch angefeuchtet werden. Mit dem Anfeuchten des Schwammes fährt man fort, bis freundliche Tage eintreten, die den Bienen gestatten, im Freien ohne Gefahr für ihr Leben Wasser aufzusaugen und einzutragen.

In vielen Gegenden bedarf es des Tränkens im Bienenstock nicht, weil die Honigvorräte nicht kandieren. Wo aber die Bienen auf Raps- und Rübsenhonig überwintern, ist Durstnot eine bekannte Plage. Um die Bienen vor der Durstnot zu bewahren, tut der Bienenzüchter wohl, den Mobilbeuten die mit kandiertem Honig gefüllten Waben im September zu entnehmen und jedem Volk etwa 10 Pfund Kristallzuckerlösung zu reichen. Man gibt auf 3 Pfund Zucker 2 Pfund Wasser, kocht die Mischung und reicht sie abgekühlt dem Volk auf einmal. Auch der Korbimker kann, wenn die Stöcke nicht zu honigreich sind, jedem Volk etwa 3 Pfund Zucker mit 2 Pfund Wasser vermischt reichen. Da die Bienen mit dieser Gabe bis Ende Januar reichen, tritt selten Durstnot ein.

Sobald die Königin mit der Eiablage beginnt, nehmen die Arbeitsbienen mehr Honig und Pollen zu sich, als sie zur Erhaltung des eigenen Lebens brauchen, um Futtersaft für die Larven zu bereiten. Je mehr Larven sie zu füttern haben, desto mehr Wasser haben sie nötig, um den verzuckerten Honig dünnflüssig zu machen. Verfrühter zu starker Brutansatz ist darum in den meisten Fällen die Ursache des Wassermangels. Da zur Bereitung des Futtersaftes auch Pollen gehört und dieser besonders in jungen Stöcken mangelt, so treibt auch die Pollennot die Arbeitsbienen aus dem Stock. Weil aber die Natur jetzt keinen Pollen darbietet, sind die Ausflüge danach ganz nutzlos. Starke Ausflüge nach Wasser und Pollen sind jetzt, weil bei der rauen Witterung viele Bienen verloren gehen, geradezu schädlich. Starker Brutansatz im März, durch Fütterung *) hervorgerufen, schwächt die Völker. Der Imker suche daher seine Völker nach dem Reinigungsausflug noch möglichst lange in vollkommener Ruhe zu erhalten. Wird es wieder kalt und fällt nochmals Schnee, so schließe man die Laden der Bienenschuppen abermals.

Tritt nach dem allgemeinen Reinigungsausflug gelinde Witterung ein, die den Bienen Ausflüge gestattet, so tragen sie sehr fleißig Wasser ein, und es ist dann nicht unbedingt notwendig, sie zu tränken. Haben die Bienen aber ihren Wasserbedarf im Stock, so spielen sie nur in den schönsten Tagesstunden vor, und es gehen wenig Bienen verloren. Immer fanden wir, dass die Völker, welche wir in vollkommener Ruhe erhielten und die nicht nach Wasser ausfliegen mussten, beim Beginn der Tracht am volkreichsten waren und sich am herrlichsten entwickelten.

---

*) Die Fütterung vor April ist gewöhnlich nachteilig. Man muss deshalb den Völkern im September soviel Futter reichen, dass sie bis April Vorrat haben.

Bei dem Aufsaugen des Wassers an Gräben, Pfützen usw. finden viele Bienen nicht bloß in Frühjahr, sondern auch im Sommer ihren Tod. Praktisch ist es daher, gleich nach dem Reinigungsausflug den Bienen eine Tränke einzurichten. Als Ort für die Tränke wähle man ein sonniges und windstilles Plätzchen in der Nähe des Standes aus. Man gieße das Wasser in ein flaches Gefäß oder einen hölzernen Trog. Um das Ertrinken der Bienen zu verhüten, werfe man Moos usw. in die Gefäße. Ist das Gefäß ziemlich leer, gieße man wieder hinreichend Wasser zu. Weil die Bienen auch Wasser an Mistpfützen, Düngerhaufen usw. aufsaugen, das Alkalien enthält, so stelle man neben die Tränke ein Gefäß, dessen Wasser schwach gesalzen ist. Die Bienen können dann nach Geschmack und Bedürfnis wählen.

Schon im Frühjahr muss man die Bienen an die Tränkstelle gewöhnen, damit sie die ganze Flugzeit hindurch dort ihr Wasser holen. Tritt ein recht freundlicher Tag ein und fliegen bereits einzelne Stöcke, so füllt man die Tränke mit Wasser, dem eine geringe Menge Honig zugesetzt ist. Der Honiggeruch lockt die Bienen an. Das Summen der bereits angelockten Bienen zieht bald alle Völker zur Tränke und der ganze Stand holt den Sommer hindurch Wasser aus den Gefäßen.

5. Behandlung eines scheintoten Volkes

Selbst bei der vorsichtigen Einwinterung kann es vorkommen, dass ein Volk seine Honigvorräte vor der berechneten Zeit aufgezehrt hat. Sobald es einem Volk an Honig fehlt, fallen die Arbeitsbienen, um das eigene Leben zu erhalten, über die Brut her, lecken das Futter auf und werfen die Larven und selbst die bereits bedeckelte Brut aus den Zellen.

Bei nicht allzu kalter Witterung erkennt man den Honigmangel am Flug der Bienen. Treibt Hunger die Bienen aus dem Stock, so fahren sie sofort aus dem Flugloch in schräger Richtung pfeilschnell in die Luft. Bienen dagegen, welche z.B. nach

Wasser ausfliegen, verweilen im Flugloch und fliegen nur mit mäßiger Geschwindigkeit ab. Kommen Bienen hervor und fallen vom Anflugbrett herab, wälzen sich auf der Erde, ohne auffliegen zu können, so ist das Volk ganz bestimmt dem Verhungern nahe. Legt man das Ohr an den Stock, so hört man ein Geräusch, wie man es bei eingesperrten weisellosen Bienen wahrnimmt, die sich der Weisellosigkeit noch nicht recht bewusst sind. Blickt man auf das Bodenbrett des Stockes, so sieht man dort Larven, Nymphen und tote Bienen liegen, zwischen denen sich eben sterbende Bienen noch bewegen. Heruntergeschrotetes Wachs ist ebenfalls ein sicheres Zeichen der Honignot; denn sobald Honig fehlt, zernagen die Bienen von Todesangst befallen, die Honig- oder Brutzellen.

Ist es so kalt, dass das Thermometer einige Kältegrade zeigt, so sieht man bei einem Volk, das am Verhungern ist, weder Bienen abfliegen, noch aus dem Flugloch stürzen, weil die bereits ermatteten Tiere schon auf dem Bodenbrett liegen bleiben und sterben.

Bei Stöcken mit unbeweglichen Waben überzeugt man sich dadurch von dem Honigmangel, dass man mit einer feinen Holzspeile, einem Draht usw. an den Stellen durch den Bau sticht, wo sonst Honig zu finden ist; bleibt der Draht vollkommen trocken, so ist kein Honig mehr vorhanden. Bei Stöcken mit beweglichen Waben nimmt man die hinteren Waben heraus, und man kann deutlich erkennen, ob die Todesstunde des Volkes nahe war.

Honigmangel muss s o f o r t beseitigt werden. Erlaubt die Witterung den Bienen auszufliegen, so bespritze man das Volk und besonders die auf dem Boden im Scheintod liegenden Bienen mit dünnflüssigem Honig und hänge oder stelle die Honigwaben in die Nähe des Sitzes der Bienen ein. Beim Auflecken des eingespritzten Honigs wird ein erhöhter Wärmegrad erzeugt und ein großer Teil der scheintoten Bienen erwacht wieder zum Leben.

Ist es so kalt, dass ausfliegende Bienen außerhalb des Stockes umkommen würden, so darf man Honig nicht einspritzen, weil man dadurch ein Vorspiel veranlassen würde. Mit dem Einhängen oder Einstellen von Honigwaben würde man wohl die sich noch bewegenden Bienen retten, die scheintoten aber würden sicherlich sterben. Sitzt das hungernde Volk in einem Korb, so schütte man die auf dem Bodenbrett liegenden Bienen in den Bau, trage den Korb in eine warme Stube, besprenge Bau und Bienen mit Honig. Am Abend reiche man dem Volk 4-5 Pfund Honig oder Zuckerlösung. Am nächsten Morgen kann das Volk wieder auf den Stand gestellt werden. Selbstverständlich muss bei dem Auffüttern das Flugloch verstopft und der Korb unten mit einem Bienentuch verbunden werden, weil sonst die Bienen in der Wärme herausfliegen und das Zimmer beschmutzen. Sobald es im Zimmer abends dunkel ist, öffnet man das Flugloch, entfernt unten das Bienentuch und reicht das Notfutter.

Lassen sich Kasten mit einem hungernden Volk nicht vom Platz nehmen und in ein warmes Zimmer schaffen, so hänge man den Bau in eine Einbeute, einen Transportkasten usw., kehre die scheintoten Bienen hinzu und verfahre dann in der Stube wie mit einem Korbstock. Am anderen Abend wird das Volk mit seinem Bau wieder in seinen Kasten zurückgehängt, indem man mehrere Honigwaben zuhängt.

Findet man ein Volk bereits eingeschlafen, so überzeuge man sich, ob es noch im Scheintot liege oder bereits wirklich tot sei. Nimmt man Bienen in die geschlossene Hand und haucht sie an, so bewegen sie nach einigen Minuten die Fühler und Füße, wenn das Volk oder der größere Teil desselben bloß im Scheintod liegt. Denn bevor die Bienen bei kühler Witterung vor Hunger sterben, erstarren sie, und man kann ein solches Volk, lag es noch nicht 36-48 Stunden in der Erstarrung, wieder ins Leben zurückrufen. Hat man das Unglück, ein solches Volk auf dem Stand zu finden, so werfe man die auf dem Bodenbrett liegenden Bienen zwischen die Waben, trage den Stock in ein erwärmtes Zimmer und besprenge Bau und Bienen mit flüssigem Honig. Oft wird man die Freude haben, dass der größte Teil des Volkes wieder auflebt. Lag das Volk bereits volle 48 Stunden oder darüber in der Erstarrung, so erwacht es zwar noch teilweise ins Leben, aber nur, um halb hinzusterben, da es bereits so sehr entkräftet ist, dass keine Biene imstande ist, Nahrung zu sich zu nehmen.

Zeigt das Thermometer mehrere Grad über Null und man findet ein schlafendes Volk, so wird die Mühe, es wieder aufzuleben, vergeblich sein; denn dann ist es nicht erstarrt, sondern verhungert und wirklich tot. Dennoch bringe man es in ein auf 18° R erwärmtes Zimmer, um vielleicht noch die Königin zu retten. Die Königin ist immer die letzte Biene, die dem Hungertod erliegt. Kehrt darum in der Stube auch nur ein Dutzend Bienen ins volle Leben zurück, so ist sicher die Königin darunter; denn die Anhänglichkeit der Arbeitsbienen an ihre Königin ist so groß, dass sie ihren letzten Tropfen Honig der Königin reichen. Man lasse die munter gewordene Königin auf eine Wabe laufen, stürze einen Pfeifendeckel über sie, hänge die Wabe nebst einer Honigwabe in ein kleines Kästchen, schütte Bienen aus irgend einem Volk dazu und stelle das Völkchen in einen dunklen Keller oder in eine Erdgrube. Nach etwa 3 oder 4 Tagen lasse man die Königin frei und stelle das Völkchen wieder in den Keller oder einen sonstigen dunklen Raum, um die Königin später zu verwenden.

5. Allgemeine Nachschau und besondere der verdächtigen Völker

An einem schönen warmen Tag nach Mitte März untersuche man sämtliche Stöcke, ganz besonders aber die im Notizbuch als verdächtig bezeichneten Völker.

Nach der ersten allgemeinen Reinigung der Stöcke wird sich bald wieder Gemülle auf dem Bodenbrett angesammelt haben, besonders bei schwachen Völkern; denn in so früher Jahreszeit reinigen die Bienen den Boden der Wohnung nur so weit, als sie bereits bis auf den Boden herab sitzen, was aber bei den wenigsten Völkern der Fall sein wird. Es muss darum jetzt die Reinigung wiederholt werden, weil sich sonst die Wachsmotte im Gemüll einnistet, die später in die Waben hinaufkriecht, dieselben zerfrisst und mit ihrem Gespinst durchzieht. Bei peinlichster Reinlichkeit wird man von Wachsmotten nie belästigt.

Auch dem Meister kann es vorkommen, dass er bei der Nachschau einzelne Völker findet, denen der Honig auszugehen droht; sollen solche Völker nicht zugrunde gehen, müssen sie gefüttert werden, d. h. man muss ihnen soviel Honig reichen, als sie zur Erhaltung des eigenen Lebens und zur Ernährung der Brut bis dahin nötig haben, wo die Natur Honig spendet. Dies ist die so genannte Notfütterung. Die Art und Weise der Notfütterung richtet sich nach der Art und Einrichtung der Bienenwohnungen.

Sind Strohkörbe zu füttern, so breche man den Deckel des Korbes los, schneide eine Lücke in den Bau und setzte Honigwaben, die man vorrätig hat, ordnungsmäßig ein. Dass der Deckel wieder aufgelegt und verschmiert werden muss, ist ganz selbstverständlich. Haben die Körbe keinen abnehmbaren Deckel, so nehme man den Spund heraus, lege Honigstücke in und über die Öffnung und setze dann einen Kasten oder Ring mit Deckel auf.

Stehen Honigwaben, die jetzt das zweckmäßigste und naturgemäßeste Futter sind, nicht zur Verfügung, so muss man ausgelassenen Honig füttern. Bereits kristallisierten Honig erwärme man auf einer heißen Platte der Kochmaschine, gieße ihm einige Löffel kochendes Wasser zu und rühre beide Stoffe gut durcheinander. Bloß verbutterten und dickflüssigen Honig füttere man mit nur ganz geringem Wasserzusatz. Man gießt den Honig in eine starkbauchige Flasche und bindet über die Mündung ein Leinwandläppchen. Den Hals der Flasche steckt man durch das Spundloch des Korbes bis in den Bau, stülpt nun einen Ring über, verpackt die Flasche warmhaltig und legt einen Deckel auf den Ring. Der Honig drückt auf die Leinwand, wo ihn die Bienen absaugen. Solange eine Spur von Honig in der Flasche ist, zerfressen die Bienen die Leinwand nicht; das tun sie erst, wenn aller Honig aufgesaugt ist. In den letzten Jahren reicht man Kristallzucker mit Wasser aufgekocht (3 Pfund Zucker und 2 Pfund Wasser). Am einfachsten geschieht die Notfütterung, wenn man etwa 3 Pfund Zucker mit 2 Pfund Wasser gemischt aufkocht und diese Menge einem Volk Abends in einem erwärmten Raum unter den Bau stellt. Die Bienen tragen während der Nacht die Zuckerlösung nach oben und sind nun auf mehrere Wochen versorgt.

Die vielbefolgte Art, den Völkern auf dem Stand den Honig tellerweise von unten zu reichen, fanden wir um diese Zeit nicht praktisch, weil ihn die Bienen bei kalter Witterung nicht heraufholen und darum bei voller Schüssel verhungern können; sehr leicht werden auch bei dieser Fütterungsweise Näscher und Räuber angelockt.

Stark mit Wasser verdünnter Honig darf jetzt nicht gefüttert werden, weil man zu starkem Brutansatz so zeitig noch nicht reizen darf.

Der lüneburgsche Strohkorb hat im Haupt kein Spundloch. Es ist daher dem Bienenzüchter eine Fütterung von oben nicht möglich. Der Bienenwirt geht deshalb andere Wege. In der Regel sorgt er dafür, dass seine Bienen im Herbst das Durchstandsgewicht bekommen. 1. Die Stöcke erhalten letztjährigen Honig in großen Mengen und zwar Mitte September. Bekommen die honigarmen Völker kleine Mengen, so beginnt die Königin nochmals die Eiablage. Die Bienen kriechen dann im Oktober aus den Zellen. Ist dann nicht recht warmes Wetter, so ist die Ruhr unausbleiblich. 2. In den letzten Jahren füttert auch der lüneburgsche Berufsimker seine honigarmen Völker mit Kristallzucker auf. Ein starkes Volk holt in einer Nacht 10 Pfund Zuckerlösung herauf. Die Erfahrung hat gelehrt, dass diese Auffütterung besser als die frühere mit Honig ist.

Hat man Kastenvölker zu füttern, so nimmt man ausgezehrte Waben heraus und hängt dafür Honigwaben ein. Muss man mit ausgelassenem Honig füttern, so benutze man die auf Seite 78 genannten Futtergeschirre. Die beste Notfütterung ist auch bei den Völkern im Mobilbau die Darreichung von etwa 3 Pfund Kristallzucker mit 2 Pfund Wasser aufgekocht. – Will aber der Züchter Honig füttern, so kaufe er diesen nicht von Pfefferküchlern, weil dies meist amerikanischer Tonnenhonig ist, mit dem er die Völker krank füttern kann. Futterhonig darf man nur von einem bekannten Imker kaufen, dessen Bienen nicht an Faulbrut leiden.

Früher fütterten viele Bienenzüchter ihre Bienen mit Kandiszucker. Wir raten davon ab. Erstens erhält der Kristallzucker mehr Zuckergehalt als der Kandiszucker, zweitens ist er bedeutend billiger und drittens ist er chemisch reiner. Wer Kristallzucker füttern will, nehme aber nur ungebläuten, weil gebläuter den Bienen schädlich sein soll.

Alle übrigen angepriesenen Ersatzmittel des Honigs sind den Bienen nicht bloß im Frühjahr, sondern zu jeder Zeit schädlich. Namentlich warnen wir vor dem Kartoffelsirup. Traubenzucker, aus Most bereitet, ist unschädlich; der in Deutschland käufliche so genannte Traubenzucker, den man unter dem Namen „Bienenzucker" anpreist, ist nicht aus Most der Weinbeeren, sondern aus Kartoffelstärke mit Hilfe von Schwefelsäure bereitet und ist darum den Bienen höchst schädlich.

Im zeitigen Frühjahr ist ohne Hilfe des Imkers jedes Volk verloren, das keine Königin besitzt. Ein Volk mit einer jungen, erst im Frühjahr nach Abgang der fruchtbaren Mutter erbrüteten Königin steht mit dem weisellosen Volk auf gleicher Stufe; denn da in so früher Jahreszeit noch nicht Drohnen vorhanden sind, die Königin zu begatten, so wird das Volk bald ganz schwach und geht zugrunde. Ein Volk, welches eine begattete Königin hat, die gar keine Eier oder bloß Drohneneier zu legen vermag, ist gleichfalls weiselkrank.

Der Weisellosigkeit verdächtige Körbe stelle man aufs Haupt und treibe die Bienen durch Rauch aus ihrem Sitz. Hält man die Mündung des Korbes dann gegen das Sonnenlicht und biegt die Waben etwas auseinander, so kann man tief in den Bau hineinsehen. Erblickt man bedeckelte Arbeiterbrut und junge Larven, so war der Verdacht unbegründet. Will man volle Gewissheit über den Zustand des Volkes haben, so muss man da, wo die Bienen ihr Lager haben, einen Wabenstreifen herausschneiden: findet man in diesem neben der bedeckelten Brut und den Larven noch Eier, so ist das Volk weiselrichtig. Bemerkt man, wenn man zwischen die Waben sieht, gar keine Brut, enthält auch eine herausgenommene Wabe weder Larven noch Eier und heult das Volk bei der Operation, so ist es ganz gewiss weisellos. Findet man Larven und Eier in Drohnenzellen, so sind Arbeitsbienen vorhanden, welche Eier legen; denn eine Königin legt in jetziger Zeit alle ihre Eier in Arbeiterzellen. Weil aber jetzt die Bienen in der Regel auf Arbeiterzellen sitzen, so legen Arbeitsbienen, wenn Drohnenzellen im Lager nicht vorhanden sind, ebenfalls in Arbeiterzellen; in diesem Fall sind die Eier aber unregelmäßig gelegt, oft sieht man drei bis vier und noch mehr in einer Zelle. Bei all diesen Arbeiten leistet der Wabenspiegel die besten Dienste. Sollte der Anfänger über den Zustand des Volkes noch zweifelhaft sein, so lasse er den Stock noch 8 bis 10 Tage stehen und wiederhole nach dieser Zeit die Besichtigung: jetzt wird er bedeckelte Drohnenbrut in Arbeiterzellen (so genannte Buckelbrut) entdecken, und er hat nun den vollgültigen Beweis in der Hand, dass das Volk weisellos ist, dass die vorhandenen Eier Drohneneier sind und von Arbeitsbienen gelegt wurden. Findet man in einem Volk bedeckelte Weiselzellen oder Weiselzellen mit Larven, so ist das Volk erst seit kurzer Zeit weisellos und hat noch bedeckelte Arbeiterbrut, die von der abgegangenen Königin herrührt. In einem weisellosen Volk mit Eier legenden Arbeitsbienen findet man meist immer Weiselzellen mit Drohnenlarven; aber diese Weiselzellen sind bedeutend länger als die normalen und nach einigen Tagen, selbst wenn es bis zur Bedeckelung kam, werden die Bienen den Irrtum gewahr, reißen die Larven und Nymphen heraus und zerstören die Zellen. Man denke nicht, dass es den Bienen möglich sei, in Weiselzellen aus Drohnenlarven Königinnen zu erbrüten.

Stöcke mit beweglichen Waben sind weniger schwierig zu untersuchen. Man nimmt die Waben soweit heraus, als unbedingt notwendig ist, sich von dem Zustand des Volkes Kenntnis zu verschaffen. Jede herausgenommene Wabe wird genau besehen und dann einstweilen auf den Wabenbock gehängt. Findet man Arbeiternymphen, Larven und Eier, so ist das Volk als weiselrichtig zu buchen. Ist keine Brut vorhanden, findet man auch keine Königin, so ist das Volk weisellos. Ist Buckelbrut vorhanden und sind Drohnenzellen mit Eiern besetzt, heult das Volk auch während der Untersuchung, so wurden die vorhandenen Eier von Arbeitsbienen gelegt. Schließlich hängt man die Waben wieder ordnungsmäßig ein und schließt den Raum. Kasten mit Oberbehandlung und Blätterstöcke sind insofern leichter zu untersuchen, als man eine Wabe mitten aus dem Sitz der Bienen herauszieht und sich so mit einem Blick von dem Zustand des Volkes überzeugt.

Bei weiseluntauglichen Völkern können vier verschiedene Fälle stattfinden: 1. es ist eine junge noch unbegattete Königin vorhanden; 2. die Königin vermag aus irgendeinem Grund gar keine Eier zu legen; 3. es ist eine Königin vorhanden, die nur Drohneneier absetzt und 4. die Königin legt – was aber selten vorkommt – nur taube Eier.

Steht die Drohnenbrut (Buckelbrut) geschlossen und regelmäßig, d. h. ist Zelle für Zelle besetzt, so rührt die Brut von einer Königin her, und die Königin legt jetzt n i e m a l s in Drohnenzellen, eine Arbeitsbiene aber stets in Drohnenzellen und in Arbeiterzellen nur, wenn Drohnenzellen im Sitz der Bienen nicht vorhanden sind; auch steht die von einer Arbeitsbiene herrührende Drohnenbrut unregelmäßig, d. h. bald hier, bald da in einer Zelle, so dass immer leere Zellen dazwischen sind.

Ob ein Korbstock eine noch junge unbegattete Königin oder eine unfruchtbar gewordene besitzt, lässt sich ohne die genaueste

Untersuchung des Volkes mit Bestimmtheit nicht erkennen. Man trommelt deshalb das Volk ab. Bekommt man die Königin zu Gesicht, so kann man erkennen, ob sie eine alte unfruchtbar gewordene oder eine noch jungfräuliche sei. Erstere ist dickleibig und wenig behaart; letztere ist noch dünnleibig, stark behaart und sehr flink. Ist das Volk abgetrommelt, kann man genau sehen, ob in der Mitte des Brutnestes Zellen bedeckelt sind. Flach bedeckelte Zellen enthalten Bienenbrut, gewölbte Deckel Drohnenbrut. Da die Möglichkeit vorliegt, dass die Königin erst in die Eierlage eingetreten ist, schneidet man, wenn bedeckelte Brut fehlt, mit dem Drohnenmesser ein Stück Wabe aus der mittelsten Wabe recht tief heraus. Findet man Eier in Bienenzellen, so ist eine befruchtete Königin vorhanden. Mit dem Wabenspiegel kann man jetzt leicht erfahren, ob die Königin Eier legt.

Volksarme Stöcke haben mitunter Mitte März noch keine Brut. Der Anfänger kann daher bei einem schwachen Volk darüber in Zweifel kommen, ob die vorhandene alte Königin tauglich oder untauglich sei. In solchem Fall verenge man das Brutlager bis auf einige Waben, füttere das Völkchen mit dünnflüssigem Honig und halte es sonst recht warm. In 8-14 Tagen sehe man dann nach, ob die Königin Eier abgesetzt hat und ob die Brut regelmäßig steht, auch ob sich die Larven zu Arbeiternymphen entwickeln.

Ob ein Stock weiselunrichtig sei, d. h. ob seine Königin noch jungfräulich, oder ob sie ihre Fruchtbarkeit verloren habe, lässt sich bei Stöcken mit beweglichen Waben genau feststellen. Man nimmt die Waben einzeln heraus und durchsucht die darauf sitzenden Bienen, bis man endlich die Königin gefunden hat. Ist gar keine Brut vorhanden, so sehe man nach, ob die Königin eine jungfräuliche oder eine alte begattete sei, die ihre Fruchtbarkeit verloren hat. Findet man Drohnenbrut, so ist die Königin drohnenbrütig und daher ebenfalls untauglich.

Bei der Untersuchung richte man das Augenmerk auch auf die Volksstärke. Man unterscheide schwache, mittelmäßig starke und starke Völker. Als zu volksschwach ist jeder Stock zu buchen, dessen Bienen nur zwei Wabengassen ausfüllen, also nur eine Wabe belagern. Einem solchen Volk lasse man nur zwei bis drei Waben und verpacke es recht warmhaltig; auch mache man das Flugloch so eng, dass nur etwa zwei Bienen nebeneinander durchkriechen können. Als schwach wird ferner jedes Volk angesehen, das nur zwei bis drei Waben belagert; es bedarf einer Verstärkung. Mittelmäßig stark ist jedes Volk, das drei bis vier Waben belagert. Starke Völker, welche mehr als vier Waben belagern und vielleicht schon die untere Hälfte des Brutraumes teilweise einnehmen, sind die Freude des Züchters; nur sie können die Frühjahrsweide gehörig benutzen und das Volk zu jungen Stöcken abgeben. Schwache Völker machen dem Züchter viel Arbeit, und selbst mittelmäßig starke Völker entfalten sich in honigarmen Gegenden zu spät, um Ertrag liefern zu können.

Auch über den Wabenbau mache man die nötigen Aufzeichnungen. Die etwa von ruhrkranken Bienen beschmutzten Waben entferne man und hänge dafür eine ein. Feuchte und verschimmelte Waben nehme man heraus, um sie an der Luft zu trocknen. Die im Winter durch Nässe morsch gewordenen Waben entferne man; denn die Bienen schroten sie als unbrauchbar doch herunter. Dass der Bau morsch geworden ist, erkennt man, wenn man ihn zwischen die Finger nimmt und sanft drückt: hält er den Druck nicht aus, den ein gesunder Bau aushält, so ist er eben morsch. Aus Körben schneide man bloß schimmelig gewordenen Bau nicht aus, denn die Bienen putzen ihn später wieder aus; sollten sie auch die Zellenwände wegschroten, lassen sie doch die Mittelwand stehen und errichten darum wieder Arbeiterzellen, während sie, wird der Bau weggeschnitten, die Lücken später mit Drohnenzellen ausfüllen, Waben mit Drohnenzellen sind aus dem Brutraum möglichst zu entfernen. Da aber dem Anfänger selten eine Auswahl in den Waben zu Gebote steht, muss er jetzt bei jedem Stock die Waben mit Drohnenzellen buchen, um sie später aus dem Brutnest zu entfernen.

Im Frühjahr leere und honiggefüllte Waben aus den Stöcken zu schneiden (zeideln), ist eine althergebrachte schlechte Gewohnheit. Weil aber die Bienen die leeren Zellen später zur Brut und zur Honigablagerung brauchen, sollte guter Arbeiterbau nie gezeidelt werden. Hat man einigen Vorrat an Waben mit Arbeiterzellen, so schneide man aus Korbstöcken die erreichbaren Drohnenzellen heraus und setze an deren Stelle Wabenstücke mit Arbeiterzellen. Die Holzspeilen, mit welchen man die eingefügten Wabenstücke befestigt, ziehe man später, wenn die Waben fest angebaut sind, wieder heraus. Gute Arbeiterzellen zeidelt man nur, wenn man gar keine Anfänge zu den Rähmchen der Kastenstöcke hat.

Honig zeidelt man aus Körben mit unabnehmbarem Deckel jetzt nicht; denn weil der Honig im Haupt des Stockes steht, müsste man, um zu ihm zu gelangen, einen großen Teil der leeren Waben wegschneiden. Da man große Lücken in Körben mit leeren Waben nicht ausfüllen kann, würden die Bienen ein kühles Brutnest haben, weil die Wärme aus demselben in den leeren Raum entweicht. Hat der Korbstock einen abnehmbaren Deckel, dann ist eine Zeidelung des etwa überflüssigen Honigs weniger schädlich. Man bricht den Deckel los, treibt die Bienen durch Rauch zurück, schneidet den Honig aus, passt und speilt leere Wabenstücke ein und legt den Deckel wieder auf. Ist die Wohnung teilbar, nimmt man, wenn sehr reiche Honigvorräte vorhanden sind, den ganzen oberen Teil (Ring, Satz) ab und legt den Deckel auf den folgenden Rand. Nimmt man aus dem Brutraum der Kastenstücke im Frühjahr Honigwaben, so verengt man den Raum durch Anschieben der Verpackung oder setzt an Stelle der entnommenen Honigtafeln sofort leere Waben ein. Man lasse aber den Bienen lieber einige Liter Honig zu viel, als einen Löffel voll zu wenig. Man erwäge, dass sie Honig nicht vergeuden, sondern davon stets nur so viel zu sich nehmen, als sie *müssen*, um ihr Leben zu erhalten, um Wachs zu erzeugen und um die Brut zu ernähren.

An kalten Tagen zeidele man nicht, weil dann viele der abfliegenden Bienen erstarren. Noch weniger darf man die Arbeit an warmen Tagen vornehmen, weil der Honig- und Wachsgeruch Bienen fremder Stände anlockt. Man zeidele an nicht zu kalten Tagen in den Nachmittagsstunden, wenn die Bienen den Flug bereits gänzlich eingestellt haben; denn in der Nacht putzen die Bienen die Schnittflächen notdürftig wieder aus, sind am Morgen des anderen Tages wieder zur Ruhe gekommen, und man kann schon am frühen Morgen alles Wachsgemülle ausräumen. Zeidelt man des Morgens, so räumen die Bienen sofort in der Wohnung auf und bringen Wachsstückchen heraus, deren Geruch Räuber anlockt.

Klotzbeuten muss man auf ihrem Platz stehen lassen, um sie zu beschneiden; Körbe, die gezeidelt werden sollen, kippt man auf und treibt Rauch in den Stock, um die Bienen zurückzutreiben. Alsdann trage man den Korb an eine geeignete Stelle, wende ihn um und blase abermals Rauch zwischen die Waben. An den Standplatz des Stockes stellt man einstweilen eine leere Wohnung. Zeidelt man in einiger Entfernung vom Stand, so wird man von den auffliegenden Bienen nicht belästigt, weil sie sofort auf ihre gewöhnte Stelle fliegen und einstweilen in die leere Wohnung einkehren. – Zugleich wird beim Zeideln jeder Stock möglichst genau nachgesehen: man sieht besonders darauf, ob im Lager der Bienen Arbeiterbrut steht.

Bei der allgemeinen Nachschau darf auch der Zustand der Bienenwohnungen unserer Aufmerksamkeit nicht entgehen. Die Nuten der Kasten sind von Kitt zu reinigen, damit die Rähmchen willig aus- und eingehen. Man bedient sich hierzu des Nutenreinigers. Mängel an Wohnungen müssen gebucht werden, um sie möglichst bald zu beseitigen; denn später sind Ausbesserungen entweder gar nicht oder doch nur sehr mühsam und höchst beschwerlich auszuführen.

7. Beseitigung der weisellosen Völker

Im zeitigen Frühjahr darf der Imker weisellose Stöcke auf seinem Stand nicht dulden, weil sie ganz nutzlos zehren, Veranlassung zur Räuberei geben und in der Regel bald zugrunde gehen. Einem weisellosen Volk in so früher Jahreszeit Arbeiterbrut oder eine Weiselzelle zu geben, um eine Königin erbrüten zu lassen, wäre ganz unpraktisch; denn liefe auch endlich eine Königin aus, so könnte sie sich doch nicht begatten, weil jetzt noch keine Drohnen fliegen. Erfolgte auch ausnahmsweise späterhin die Begattung, so würde inzwischen der Stock zu volksarm geworden sein, um Ertrag liefern zu können, weil die alten überwinterten Bienen im Mai hinsterben, bevor Ersatz eintritt. Dem weisellosen Stock aber wiederholt Brutwaben einzustellen, um ihn volkreich zu erhalten, wäre ganz unpraktisch, weil der Anfänger andere gute Zuchtstöcke dadurch schwächen würde. Erfolgreich kann in so früher Jahreszeit ein weiselloses Volk nur durch Zusetzen einer f r u c h t b a r e n Mutter geheilt werden. Hat man über eine fruchtbare Königin nicht zu verfügen, so muss das weisellose Volk mit einem weiselrichtigen vereinigt werden.

Das Heilen eines weisellosen Volkes ist überhaupt nur dann anzuraten, wenn das Volk noch stark ist, d. h. noch etwa fünf Wabengassen gelagert. Mitunter hat man Völker, welche im Winter bis auf ein winziges Häufchen Arbeiter und die Königin ausgestorben sind. Die Königin eines solchen Völkchens benutze man zur Verweiselung des noch starken weisellosen Stockes. Hat das weisellose Volk königliche Zellen angesetzt, so müssen diese vorher bis auf den Grund zerstört werden, weil sonst in der Regel die Bienen die Weiselzellen ausbessern, die Larven fortpflegen und die zugesetzte fruchtbare Mutter abstechen. Weil die Bienen in dieser Zeit erst wenig Brut haben, so kann es nicht schwer fallen, sogar in einem Korbstock mit unbeweglichen Waben etwa vorhandene Weiselzellen zu bemerken und zu zerstören. Man stelle den Korb aufs Haupt, blase Rauch zwischen die Waben, um die Bienen aus ihrem Lager zu treiben und zerstöre die Weiselzellen. Aus Kasten nimmt man die vorhandenen Brutwaben einzeln heraus und vernichtet jede Weiselzelle, indem man die Larve oder Nymphe daraus entfernt. Ein bloßes Zerstören der Zellenwand genügt nicht; denn die Bienen bessern, wenn die Larve in der Zelle liegen bleibt, die Zellenwand wieder aus und erbrüten die Königin.

Ist die Königin einem Korb zuzusetzen, so bricht man den Deckel los und stellt die Königin von oben her in den Sitz der Bienen ein. Hat die Wohnung keinen abnehmbaren Deckel, muss man von unten aus eine Lücke in den Bau schneiden, um die Königin bis in den Sitz der Bienen bringen zu können. Man darf jedoch die Königin nicht sofort frei unter die Bienen laufen lassen, weil sie abgestochen werden könnte; man sperrt sie solange in einen Käfig, bis sich die Bienen mit ihr befreundet haben. Der zu diesem Zweck tauglichste Weiselkäfig ist die Weiselröhre (Abb. 37). Die nicht gegitterte Seite der Röhre wird mit einem festen Zuckerteig oder mit hartem Honig gefüllt und durch einen Kork verschlossen. In den gegitterten Teil kommt die Königin. Die Röhre wird in den Sitz der Bienen zwischen zwei Waben gehängt. Sobald die Bienen nicht mehr zischend, sondern mit den Flügeln schlagend auf der Röhre sitzen, was in der Regel am folgenden Tag der Fall sein wird, kann man die Königin freilassen. Man entfernt den Kork von dem Futterteig, die Bienen fressen sich zur Königin hindurch und diese mischt sich in aller Ruhe unter das Volk.

Befindet sich die Königin, welche man dem weisellosen Volk geben will, ebenfalls in einem Korb, und will man den Bau nicht ausbrechen, um die Königin zu erhalten, so stelle man des Abends den weisellosen Korb aufs Haupt und den schwachen weiselrichtigen setze man so, wie er auf seinem Brett stand, also Mündung auf Mündung, darauf: die weisellosen Bienen ziehen sich, wenn sie keine Brut haben, in der Nacht nach oben zur Königin.

Ist es kalt, so stelle man die Körbe in einem Zimmer übereinander. Beide Körbe können in dieser Stellung auch tagelang auf dem Stand stehen, wenn man nur die Ritzen verklebt, damit nicht Raubbienen eindringen können.

Ist das Volk eines Kastens zu beweiseln, so hängt man die Wabe, auf welcher die Königin eingesperrt sitzt, in das Lager der Bienen ein. Hat das weisellose Volk noch junge Arbeiterlarven, so setzt es, solange die zugegebene Königin eingesperrt sitzt, nicht selten abermals königliche Zellen an; diese müssen dann, bevor die Königin freigegeben wird, wiederum zerstört werden. War das Volk bereits längere Zeit hindurch weisellos, so dass es keine Brut (Larven) hat, so kann man die Königin sofort unter die Bienen laufen lassen. Sollten wider Erwarten einzelne Bienen die Königin in feindlicher Absicht anfallen, sie an den Flügeln oder Füßen festhalten usw., so sperre man die Gefährdete sofort in die Weiselröhre, um sie am folgenden Tag mit sicherem Erfolg befreien zu können.

Ist der weisellose Stock schon schwach und steht eine fruchtbare Mutter nicht zur Verfügung, so vereinige man seine Bienen mit einem weiselrichtigen Volk. Haben die weisellosen Bienen bereits mehrere Ausflüge gehalten, so teilt man sie dem N a c h - b a r s t o c k zu, oder man hole das schwache Volk nach Hause, gebe ihm den Stand des weisellosen und bewirke nun die Vereinigung. Hielten die Bienen bloß e i n e n ersten Reinigungsausflug, so kann man sie jedem beliebigen Stock des Standes zuteilen; denn fliegen auch einzelne Bienen der alten Standstelle zu, so kehren sie nach vergeblichem Suchen endlich zum weiselrichtigen Volk zurück oder betteln sich bei anderen Völkern ein. Bienen, welche längere Zeit hindurch weisellos waren, gewöhnen sich sehr leicht und bald an einen neuen Stock, der weiselrichtig ist. Lässt man einige Bienen des weisellosen Stockes auf eine Wabe kriechen und bringt sie an das Flugloch ihrer nunmehrigen Wohnung, so stimmen sie sofort ein freudiges Summen an und locken dadurch die etwa umherirrenden herbei.

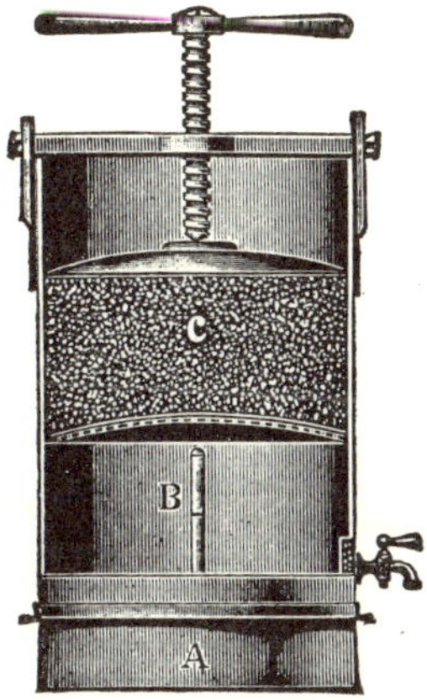

Abb. 36 Wachsdampfschmelztopf

Abb. 37 Weiselröhre

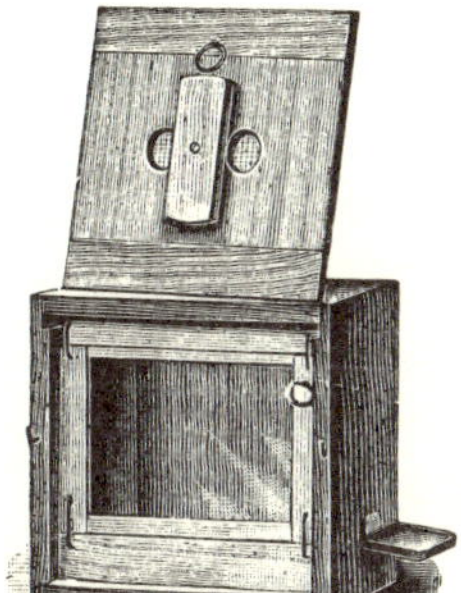

Abb. 38 Weiselzuchtkästchen Abb. 39 Befruchtungskästchen

Bei Kasten hängt man die weisellosen Bienen mit allen Waben in den Honigraum des weiselrichtigen Volkes und öffnet den Durchgang in den Brutraum. Schüttet man die weisellosen Bienen sofort in den Brutraum, so beräuchere man beide Völker stark mit Thymian. Beißerei entsteht sicher nicht, wenn man die zuzuschüttenden Bienen vorher mit Honig oder Salzwasser besprengt; auch vereinige man sie gegen Abend; denn bei einbrechender Nacht vereinigen sich die Bienen friedlicher als am Tag.

Befindet sich das weisellose Volk in einem Stülpkorb, so geben manche Züchter den Rat, es aus dem Bau herauszutrommeln. In so früher Jahreszeit wird es aber schwerlich gelingen, ein weiselloses Volk durch Klopfen aus seinem Bau zu treiben. Man breche den Bau aus und kehre die Bienen dem weiselrichtigen Stock zu. Bringt man sie vor das Flugloch des neuen Stockes, ziehen sie fröhlich summend ein, locken die umherirrenden Bienen an und bleiben sicher bei dem weiselrichtigen Volk. Will man den Bau des weisellosen Volkes, um später einen Schwarm hineinzuschlagen, nicht ausbrechen, so stelle man den weiselrichtigen Korb mit seiner Mündung auf die Mündung des umgewendeten weisellosen, wie bereits gelehrt wurde. Besprengt man Bau und Bienen des weisellosen Korbes mit verdünntem Honig, so werden sich die weisellosen Bienen in der Nacht sicherlich mit dem weiselrichtigen Volk vereinigt haben.

Ein Volk zu beweiseln, in dem sich eierlegende Arbeitsbienen befinden, ist schwierig und selten nützlich; denn die eierlegenden Arbeitsbienen (Afterweisel) sind, weil nicht kenntlich, schwer zu entfernen, und in der Regel ist ein solches Volk bereits längere Zeit hindurch weisellos, weshalb die Bienen altersschwach sind; das Völkchen ist meist auch bereits sehr schwach. Der Anfänger beseitige solche Völkchen und teile die wenigen Bienen den volkärmsten Nachbarstöcken zu.

8. Heilung und Beseitigung weiselunrichtiger Völker

Ein weiselunrichtiges Volk muss, bevor es geheilt oder mit einem anderen Volk vereinigt werden kann, entweiselt werden. Um ein weiselunrichtiges Volk, das in einem Korb oder sonst einem Stock mit unbeweglichen Waben sitzt, zu entweiseln, breche man den Bau aus und entferne die Königin. Will man das Volk aber in seiner Wohnung und seinem Bau belassen, so betäube man die Bienen, um die Königin zu finden. Als Betäubungsmittel bediene man sich eines Salpeterlappens, den man sich herstellt, indem man Salpeter in heißem Wasser löst und schmale Zeuglappen damit tränkt. Die Lappen werden getrocknet und enthalten nun zwischen den Fasern brennbare Salpeterteilchen. Zunächst aber gebe man dem Stock einen Untersatz, in den die Bienen hineinfallen sollen.

In einem verdeckten Gefäß entzünde man etwa 10 qcm Salpeterlappen, stelle das Gefäß in den Untersatz und den zu betäubenden Stock schnell darüber. Alle Fugen werden mit einem Tuch, Strick oder mit Sand abgedichtet. Man klopfe dann mitunter an den Stock, damit die betäubten Bienen aus dem Bau herabfallen. Anfänglich brausen die Bienen stark auf; aber schon in etwa fünf Minuten tritt Totenstille ein. Jetzt hebt man den Stock ab und sucht die Königin aus den betäubten Bienen heraus. Die Bienen schüttet man in den Stock zurück und bindet ein dünnes Tuch über die Öffnung desselben, damit die erwachenden Bienen nicht herauskriechen können. Hört man die Bienen wieder summen, nehme man das Tuch weg oder öffne wenigstens das Flugloch. Ist es aber kalt, so muss man die betäubten Bienen in ein geheiztes Zimmer tragen, damit sie nicht erklammen und in der Betäubung sterben. Ist ein Kasten weiselunrichtig, so nimmt man den Bau auseinander und greift die Königin aus dem Volk heraus.

Nachdem die Königin entfernt ist, tritt meist schon nach Verlauf einiger Stunden die Weiselunruhe ein. Der Anfänger beobachte die entweiselten Völker recht sorgfältig, um auch bei anderen Völkern die Merkmale eingetretener Weisellosigkeit sofort erkennen zu können. Die Bienen stürzen, wenn es nicht zu kalt ist, aus dem Flugloch hervor, laufen auf dem Flugbrett und Stock ängstlich suchend umher, fliegen ab, kehren aber sofort wieder um; stehen weiselrichtige Völker in der Nähe, so laufen und fliegen die unruhigen Bienen den Nachbarstöcken zu, um sich dort einzubetteln. Steht man in der Nähe des weisellos gewordenen Stockes, so hört man ein heulendes Brausen. Stellt man den Korb aufs Haupt oder öffnet die Beute, so sieht man überall Bienen umherlaufen und das Geheul wird jetzt, besonders wenn man Rauch in den Stock bläst, ganz deutlich vernommen. Besitzt das entweiselte Volk keine Brut (Drohnenbrut), so heult es besonders stark und anhaltend. Späterhin heulen weisellose Völker nur noch in Absätzen.

Heult das entweiselte Volk, d. h. ist es sich seiner Weisellosigkeit bewusst, so gebe man ihm eine eingesperrte fruchtbare Mutter, die man am dritten Tag nach dem Zusetzen befreien kann. Hatte das Volk eine noch jungfräuliche, erst kürzlich erbrütete Königin, so kann man die zugesetzte Königin schon am folgenden Tag freigeben. – Ist das entweiselte Volk so schwach – was auch in der Regel der Fall sein wird -, dass es nicht mehr vier Wabengassen dicht ausfüllt, so vereinige man die Bienen mit dem schwächsten Nachbarstock. – Ist das entweiselte Volk ausnahmsweise noch sehr stark und steht eine fruchtbare Mutter nicht zu Gebot, mit der man es wieder beweiseln könnte, so sperre man die untaugliche Königin in einen Weiselkäfig und stelle diesen dahin, wo die Bienen das Lager haben. Nun zeigt das Volk nur geringe Weiselunruhe. Mitte April entferne man dann die Königin und verstärke das Volk durch Brutwaben, die anderen Völker entnommen wurden. Die Königin, welche erbrütet wird, kann dann im Mai fruchtbar werden.

Es ist vorteilhaft, nur befruchtete Königinnen des letzten oder vorletzten Jahres in den Winter zu nehmen; es entsteht dann selten Weisellosigkeit im Winter. Der Lüneburger Imker trommelt bei im April eingetretener Weisellosigkeit ein weiselrichtiges und das weisellose Volk ab, gibt das weisellose Volk auf den Bau des weiselrichtigen und das weiselrichtige Volk auf den Bau des weisellosen Volkes. Es werden also nur die Körbe gewechselt, jedes der beiden abgetrommelten Völker bleibt auf seinem alten Platz. Das weisellose Volk findet Brut in allen Stadien und zieht sich eine Königin und da um diese Zeit bereits Drohnen auf dem Stand erscheinen, wird eine Notkönigin auch befruchtet.

9. Behandlung schwacher und Beseitigung zu schwacher Völker

Nur höchst selten sind wir so glücklich, im Frühjahr alle unsere Stöcke so stark zu sehen, wie wir es wünschen und wie sie sein müssen, um sich bis zur Trachtzeit hin gehörig zu entwickeln. Meist immer haben wir einige Stöcke, welche im Winter den größeren Teil der Arbeitsbienen verloren haben, die darum ihre Wohnung nicht gehörig erwärmen und nicht viel Brut ansetzen können. Kommen wir schwachen Völkern nicht zu Hilfe, so verkümmern sie, tritt nicht ein überaus günstiger Frühling ein. Zu schwache Völkchen werden auch in der Regel von Räubern angefallen und bereiten sonst nur Verdruss und Ärger.

Vielfach hat man angeraten, einen volksschwachen Stock im März oder April mit einem recht starken zu verstellen, damit dem Schwächling die Arbeiter des starken Volkes zufliegen. Das ist kein guter Rat. Tritt sonst kein Unfall dabei ein, so erhält das schwache Volk wohl mehr Bienen, aber das starke wird jetzt schwach, weil seine meisten Bienen alt sind, den Flug bereits erlernt haben und darum bei der Heimkehr auf die alte gewöhnte Stelle fliegen und in den schwachen Stock einkehren. Weil ferner in beide Stöcke fremde Bienen kommen, so können beide Königinnen angefallen, verstümmelt, ja sogar umgebracht werden.

Sitzt das schwache Volk in einer teilbaren Wohnung mit unbeweglichen Waben, so verkleinere man die Wohnung, damit das Volk den belassenen Raum gehörig erwärmen kann. Man schneide die unteren Kränze mit einer feinen Klaviersaite ab und hebe sie mit dem Bau sorgfältig auf, um sie später, wenn das Volk zu Kräften gekommen ist, wieder zurückzugeben. Befindet sich das schwache Volk in einer unteilbaren Wohnung mit unbeweglichen Waben, so muss man wenigstens, da der Wohnungsraum nicht verkleinert werden kann, den Stock äußerlich recht warmhaltig umkleiden und das Flugloch verengen. – Ist ein Kastenvolk schwach und hat der Anfänger über andere starken Völker zu verfügen, so verstärke man das schwache Volk mit Brut und Bienen. Um die Königin des zu verstärkenden Volkes nicht in Gefahr zu bringen, sperre man sie vorher ein. Aus einem volk- und brutreichen Stock nimmt man dann eine Brutwabe mit den daran hängenden Bienen und stellt sie ins Brutlager der volksschwachen Beute. Vorsichtig muss man aber sein, damit man nicht eine Königin mit übersiedelt. Das verstärkte Volk wandert nun in einen vollkommen dunklen Keller oder in einen sonstigen dunklen Raum. Etwa am anderen oder zweiten Tag nach der Verstärkung befreit man die eingesperrte Königin. Weil jetzt noch keine Tracht ist, so ist das Volk im Keller besser aufgehoben als auf dem Stand; man lasse es darum acht bis vierzehn Tage im Keller oder im finsteren Raum. Besser ist es, zumal wenn die Bienen bereits einige Tracht haben, das verstärkte Volk auf einen entfernten Stand zu schaffen, von wo man es unmittelbar vor dem Beginn der Volltracht nach Hause holen kann.

Stehen volksstarke Beuten nicht zur Verfügung, so kann die Verstärkung der schwachen Völker nicht ausgeführt werden; denn in der jetzigen frühen Jahreszeit würde man nur ein mittelmäßig starkes Volk durch Entnehmen einer Brutwabe und der darauf sitzenden Bienen sofort schwächen. Ist der Züchter zu der Einsicht gekommen, dass eine warmhaltige Verpackung,

Raumverengung und sonstige gute Pflege die schwachen Völker nicht auf die Beine bringen würde, so muss er zwei oder drei Schwächlinge untereinander zu einem guten Volk vereinigen; denn ein guter Stock ist besser als drei schlechte. Ganz selbstverständlich ist, dass die Völkchen, deren Bienen man einem anderen schwachen Volk zuteilen will, vorher entweiselt werden müssen. Bei der Entweiselung und Verstärkung verfährt man ganz so, wie bei der Vereinigung weiselunrichtiger Völker gelehrt wurde. Die überzählig gewordenen fruchtbaren Königinnen töte man aber nicht, sondern stelle jede derselben mit einer Handvoll Bienen, einer Honigwabe und einer leeren Wabe in ein kleines Kästchen, dessen Flugloch mit Drahtgitter verschlossen ist. Vorläufig stelle man das Kästchen mit der Königin am besten in einen dunklen Raum. Auf dem Stand dürfen die Kästchen nicht bleiben, denn sie würden fortwährend von Räubern angefallen werden; auch zieht ein so schwaches Völkchen an einem warmen März- und Apriltag mit der Königin als so genannter Notschwarm aus, um sich auf ein starkes Volk zu werfen.

Ist ein Volk so schwach, dass es nicht eine Wabe belagert, so bringe man es ebenfalls in ein kleines Kästchen und stelle es vorläufig in einen dunklen Raum. Tritt die Volltracht ein, kann man selbst so schwache Völkchen fliegen lassen; denn zur Zeit reicher Tracht, zumal wenn Tage und Nächte warm sind, zieht auch das winzigste Völkchen nicht aus. – Wird später noch ein Volk weisellos, so beweisele man es aus einem der Reservevölkchen; in der Schwarmzeit wird man die übrigen Reserveköniginnen recht vorteilhaft verwerten können.

Der Anfänger mache es sich zum Gesetz, jeden Schwächling vom Stand zu entfernen. Man scheue sich nie, durch Vereinigung der Schwächlinge die Zahl der Völker zu verringern. Hat man nur starke Völker, so hat man das Hauptmittel in der Hand, in der Trachtzeit die Zahl der Stöcke wieder erfolgreich zu vermehren.

Die Lüneburger nehmen in der Regel Nachschwärme mit diesjähriger Königin in den Winter. Wenn nun im Winter ein Volk viele Arbeitsbienen verliert und im Frühjahr hinter den anderen Völkern in der Brutentwicklung zurückbleibt, wird die Überfütterung angewandt. Diese ist sehr einfach. Der Imker setzt unter eins der stärksten Völker einen Honigteller (Futternapf) mit Futterhonig. Nach einigen Minuten ist der Teller mit Tausenden von jungen Bienen bedeckt. Nun wird der Teller mit den auf dem Honig befindlichen Bienen unter den Bau des Schwächlings gestellt. Die Bienen des Schwächlings nehmen die fremden Gäste willig an, da sie Honig mitbringen und dieselben fliegen nicht zurück, weil sie jung sind. Wird diese Verstärkung mehrere Abende wiederholt, so ist der Zweck erreicht.

10. Räuberei im Frühjahr

Solange im Frühjahr die Pflanzen noch keinen Nektar spenden, versuchen die Bienen in die Stöcke der Nachbarstände einzudringen, um Honig zu rauben. Aus Hunger rauben die Bienen nicht, wie man oft irrtümlich behauptet, denn ein Volk, das bereits Hunger hat, wird bald flugunfähig und stirbt. Raubt ein Volk, das keine Honigvorräte mehr besitzt, so raubt es, um dem gänzlichen Honigmangel vorzubeugen. Raubbienen, welche eine besondere Art von Bienen wären, gibt es nicht. Nur die Gelegenheit macht die Arbeitsbienen zu Räubern.

Es ist leicht, die Stöcke gegen Räuberei zu schützen. Man dulde jetzt durchaus keinen weisellosen Stock; denn weisellose Völker werden vor der Trachtzeit sehr bald von Räubern angefallen. Man halte ferner nur starke Völker auf dem Stand, die imstande sind, einen Raubangriff kräftig zurückzuweisen. Bis zur Trachtzeit hin halte man die Fluglöcher verengt; auch dulden wir an jedem Stock nur ein einziges Flugloch. Nie dulde man Ritzen an den Stöcken, weil Räuber durch sie Eingang suchen. Am Tag füttere man nie, weil der Honiggeruch Näscher und

Räuber anlockt. Futterteller dürfen nicht auf dem Stand bei Tage stehen, auch Wachswaben dürfen nie auf dem Bienenstand umherliegen, und die Stöcke ausgestorbener Völker verschließe man. An warmen Tagen und bei hellem Sonnenschein arbeiten wir nie lange an freistehenden Beuten, weil der aus dem geöffneten Stock ausströmende Honiggeruch bald Räuber herbeilocken würde.

Jedoch bei der größten Vorsicht kann Räuberei entstehen. Im Anfang umschwirren einzelne Räuber das Flugloch, setzen sich wohl auch aufs Flugbrett, fahren aber wild und scheu zurück, wenn eine Biene aus dem Stock kommt. Durch das Flugloch eilen die Räuber, als würden sie verfolgt. Sitzen Bienen des angefallenen Volkes vor dem Flugloch, so packen sie die Räuber, verbeißen sich mit ihnen und fallen zur Erde nieder, wo sich die Räuber entweder loswinden oder abgestochen liegen bleiben. Erst im Stock erkannte Räuber werden ebenfalls angefallen und abgestochen. Fallen die Räuber den Stock aber immer stärker an, so wehren sich die beraubten Bienen endlich nicht mehr, und die Räuber haben nun freien Ein- und Ausgang. Fliegen aus einem Stock noch Bienen, wenn sonst alle Völker den Flug bereits eingestellt haben, so ist sicher Räuberei vorhanden; entweder raubt das Volk oder es wird beraubt. Raubt es, so sind die einziehenden Bienen dickleibiger als die abfliegenden, und wird es beraubt, so sind die eingehenden Bienen dünnleibig und die ausfliegenden Honig beladen. Zerdrückt man ein- und ausgehende Bienen eines beraubten Stockes, so findet man die Honigblase der ankommenden leer, die der abfliegenden dagegen mit Honig angefüllt. Ist ein Stock endlich ausgeraubt, so ziehen die beraubten Bienen mit den Räubern ab, verfliegen sich, ziehen mit der etwa noch vorhandenen Königin aus oder verhungern in ihrem Bau. Die Räuber fallen jetzt die Nachbarstöcke des ausgeraubten Volkes an, und wird die Räuberei nicht durch eintretende raue und kalte Witterung unterbrochen oder durch Zutun des Imkers beseitigt, so wird mitunter in kurzer Zeit ein ganzer Stand ruiniert.

Der Imker sei darauf bedacht, der Räuberei sofort Einhalt zu tun. Ist der von Räubern angefallene Stock weisellos, so entferne man ihn auf der Stelle vom Stand und bringe ihn in den Keller. Bringt man den angefallenen Stock am folgenden Tag wieder auf seinen Platz im Garten, so ist in etwa einer Stunde die Räuberei abermals in vollem Gang; man muss darum den beraubten Stock längere Zeit hindurch im Keller lassen. Am zweckmäßigsten ist es, den angefallenen Stock ganz vom Stand zu entfernen und auf einen entfernten Stand zu schaffen. Sitzt das beraubte Volk in dem Fach einer Mehrbeute, so nehme man es gegen Abend heraus, hänge es in eine Einbeute und bringe es auf einen entfernten Stand.

Wird der Raubangriff auf ein weiselrichtiges Volk unternommen, so verenge man sofort das Flugloch mit einer zerschnittenen Zwiebel, mit Knoblauch oder Wermut, gieße auch Kienöl und andere übel riechende Flüssigkeiten um das Flugbrett herum auf das Anflugbrett. Alsdann nimmt man weichen knetbaren Lehm, steckt in das Flugloch ein Stäbchen von 3 cm Breite und 0,8 cm Dicke, klebt 4 cm lang und 5 cm dick Lehm darüber und drückt ihn an den Stock fest an; zieht man nun das Stäbchen heraus, so hält man den Lehm mit der anderen Hand fest. Jetzt legt man das Stäbchen mit einem Ende an die entstandene Röhre, und zwar so, dass es mit derselben schiefe Winkel bildet, klebt abermals Lehm darüber und zieht es wieder hervor. Nun hat der Stock ein verblendetes Flugloch, das nicht gerade in den Stock geht. Schon das veränderte Flugloch macht die Räuber stutzig, noch mehr aber schreckt sie der aus ihm hervordringende widrige Geruch zurück. Im Anfang der Räuberei tut auch eine schräg vor das Flugloch gelehnte Glasscheibe gute Dienste. Die Scheibe muss oben und unten dicht anschließen, muss breiter als das Flugloch sein und an den Seiten soviel Raum lassen, dass die eigenen Bienen aus- und eingehen können. Die Räuber fliegen gegen die Scheibe und lassen nach mehreren vergeblichen Versuchen von ihrem Vorhaben ab. Ist der angefallene Stock aber weisellos, oder ist die Räuberei bereits in vollem Gang, so nützt das verblendete Fluchloch nichts, denn die Räuber dringen doch durch dasselbe in den Stock ein. Um stark eingetretene Räuberei zu beseitigen, schaffe man den beraubten Stock auf einen entfernten Stand. Damit die Räuber nicht die benachbarten Stöcke anfallen und beunruhigen, setze man einen ganz leeren Stock an die Stelle des beraubten: die Räuber ziehen dann in diesen ein, laufen suchend in ihm umher, und fliegen endlich, da sie keinen Honig finden, nach Hause, ohne die anderen Völker des Standes zu belästigen.

Weil es Christenpflicht ist, das Gut des Nächsten zu behüten, so muss jeder Züchter, welcher bemerkt, dass einer seiner Stöcke auf Raub ausfliegt, dem Rauben sofort Einhalt tun. Man stelle den raubenden Stock einige Tage hindurch in einen dunklen und kühlen Keller. Den Imker, dessen Stöcke beraubt werden, ersuche man, die Ursache der Räuberei zu beseitigen, weisellose Völker vom Platz zu entfernen usw. Stellt man den raubenden Stock wieder auf den Stand und geht er abermals auf Raub aus, so bringe man ihn auf einen entfernten Stand. Wird ein ganzer Stand beraubt, so müssen die Völker auf einen weit entfernten Platz gebracht werden.

11. Beförderung der Brut vor der Haupttracht

Weil nur volkreiche Stöcke die erste Haupttracht gehörig ausnützen, Honigertrag und Schwärme liefern können, muss der Imker rechtzeitig vor der Haupttracht, wenn die Bienen bereits spärliche Tracht haben, ernstlich und mit aller Macht darauf hinarbeiten, den Brutansatz zu fördern.

Ein Volk, das einen zu großen Raum seiner Wohnung innehat, vermag seinen Sitz nicht gehörig zu erwärmen, drängt sich zwischen den Waben in ein kleines Klümpchen zusammen und kann darum das Brutnest nicht weit ausdehnen. Die Wärme ist stets ein Lebenselement der Biene, und Völker, welche jetzt kühl sitzen, entwickeln sich nicht rechtzeitig; darum muss der Raum, der dem Volk von seiner Wohnung abgegrenzt ist, stets im geraden Verhältnis zur Volksstärke stehen, d. h. leerer Raum darf in dem durch das innere Brett (Fenster oder Tür) abgegrenzten Brutraum nicht vorhanden sein; auch darf jetzt kein Volk mehr Waben im Brutraum haben, als es notdürftig zu belagern vermag. Verkehrt handeln darum die Imker, welche schon im März die warmhaltige Verpackung des Brutraums entfernen. Den Honigraum lasse man bis zum Eintritt der ersten Haupttracht hin ausgestopft, und an der inneren Tür oder dem Fenster lasse man das Mooskissen oder die sonstige Verpackung stehen, um die Warmhaltigkeit des Brutraumes zu erhöhen. Ohne Not öffne man keinen Stock; nur Arbeiten, die unbedingt notwendig sind, dürfen jetzt vorgenommen werden.

Besitzen die Völker die nötigen Honigvorräte und ist bereits etwas Pollentracht von der Erle, Weide, Pappel, Haselnuss usw. vorhanden, so dehnt die Königin das Brutnest ganz naturgemäß nach und nach immer weiter aus. So verderblich es ist, gleich nach dem ersten Reinigungsausflug auf Brutvermehrung hinzuarbeiten, so nützlich ist es jetzt, den Brutansatz und damit den Volksreichtum durch Kunst zu steigern. Mehr Brut anzusetzen, als es die Bienen den Zeit- und Naturverhältnissen nach jetzt von selbst tun würden, veranlasst man durch Triebfütterung. Durch die Triebfütterung mit Honig und Blumenstaub führt man den Instinkt der Bienen irre, d. h. die Bienen nehmen für Spende der Natur, was ihnen die Hand des Züchters reicht und arbeiten auf Erweiterung des Brutnestes hin. Diese Art der Fütterung ist in allen honigarmen Gegenden vorteilhaft; denn verschafft man einem Volk durch Füttern täglich etwa 200-300 Bienen 14 Tage bis 3 Wochen früher, so wird die Haupttracht, wenn nur günstige Witterung ist, auch reichlich ausgebeutet werden. In Gegenden dagegen, welche den Bienen die Haupttracht erst im Juni, Juli und August gewähren, entwickeln sich die Völker im Mai bei nur spärlicher Tracht ohne menschliches

Zutun ganz naturgemäß, um die Weide mit Nutzen befliegen zu können.

Nur starke Völker sind so zu füttern, weil nur sie imstande sind, viel Brut anzusetzen. Wir beginnen mit der Fütterung vom Raps.

Um die Königin zu recht starker Eierlage zu treiben, muss man dem Volk Honig reichen. Wasser finden die Bienen auswärts und bei ungünstiger Witterung liefert es ihnen das Tränkglas. Wir reichen jedem starken Volk 3-4 Pfund in zwei- oder dreitätigen Zwischenräumen, auf einmal etwa 1 Pfund. Je mehr gefüttert wird, desto besser; denn je größer die Tracht durch Kunst ist, in desto größerer Menge wird die Königin Brut ansetzen. In Triebfütterung sind die Imker in der Lüneburger Heide Meister. Sie beginnen damit, wenn die Eiche ausschlägt. Anfangs bekommt jedes Volk abends einen Esslöffel voll Stampfhonig, ohne Wasserzusatz. Nach einigen Tagen etwas mehr. Nach etwa 12 Tagen werden die Portionen größer und die Fütterung wird alle 2 Tage vorgenommen. Nach abermals 10 Tagen wird täglich gefüttert. Je nach der Tracht wird viel oder wenig oder nichts gereicht. Ein Trachttag ist besser als drei Futter. Kommen die Bienen mit der Brut herunter, sind Drohnenzellen erbaut und bestiftet, werden Weiselzellen aufgeführt und auch bestiftet, darf mit dem Futter nicht gespart werden, sonst geht die Königin wieder nach oben im Korb und der Abzug des Vorschwarmes erfolgt drei Wochen später. In einigen Gegenden reichen die Imker den Honig ohne Wasserzusatz, in anderen Gegenden mit Wasser. Ohne Wasserzusatz arbeiten die Bienen sich mehr in Hitze. Dass das Futter unter dem Bau gereicht wird, ist für die Brutentwicklung vorteilhafter. Die Bienen gehen auf den Waben vom Sitz nach unten und da die Königin den Bienen gerne folgt, dehnt sich bei dieser Fütterungsmethode das Brutnest mehr aus, als wenn den Bienen das Futter oben durch das Spundloch zugeführt wird.

Bei dem Mobilbau ist die Fütterung durchweg eine andere. Man reicht den Bienen gefüllte Honigtafeln. Es empfiehlt sich, die Waben zu entdeckeln und dicht an das Brutnest zu hängen. An entdeckelte Waben gehen die Bienen lieber als an unentdeckelte. Der Brutansatz wird sehr gefördert, wenn den Bienen in der Zeit, wenn Drohnenbau aufgeführt wird, an drei Abenden Savolat mit Honig vermischt gereicht wird.

Spendet die Pflanzenwelt noch keine Pollen, dann füttere man auch Pollen. Von der Kiefer, dem Haselnussstrauch usw. kann man Pollen sammeln und an einem trockenen Ort bis zum nächsten Frühjahr aufbewahren. Beim Füttern drücke man den Pollen in alte Drohnenwaben und stelle diese an einer sonnigen Stelle in einen leeren offenen Kasten. Von selbst würden die Bienen den Pollen aber schwerlich aufsuchen; man locke sie daher durch Zuckerwasser auf die Futterstelle, wie wir sie auf die Tränkstelle lockten. Stets füttere man den Pollen in einiger Entfernung vom Stand, um nicht Räuber auf den Stand zu locken; denn das starke Summen auf der Futterstelle zieht gar bald Bienen benachbarter Stände herbei.

Weil Honig nicht immer vorrätig und oft teuer ist, kann man bei der Triebfütterung auch in der Not zur Zuckerfütterung seine Zuflucht nehmen.

Ein vortreffliches Ersatzmittel des Blumenstaubes ist das Getreidemehl, das in seinen Beststandteilen dem Pollen nahe verwandt ist. Das Weizenmehl ziehen die Bienen dem Roggenmehl vor; das beste und vorteilhafteste Mehl zur Fütterung ist Hafermehl, weil es das süßeste ist.

Bei der Mehlfütterung hat der Züchter darauf zu achten, dass das Mehl nicht feucht oder gar nass wird. Ist dies der Fall, so entsteht Gärung und die Folge davon kann die Faulbrut sein.

Ein Großimker füttert ungern Mehl und Ersatzmittel. Er reicht durchweg im Frühjahr Honig und zwar zuerst letztjährigen und wenn die Witterung warm ist, mehrjährigen. Am besten treibt alter Buchweizenhonig. Hat der Stammhonig die Gärung durchgemacht, riecht er säuerlich und ist fast schwarz. Stoße sich der Züchter nicht an Aussehen und Geschmack. Bekommen die

Bienen diesen Honig, so werden sie stechlustig und die Königin legt eine Unmasse Eier. Hat der Imker keinen Honig, dann reicht er aufgekochten Kristallzucker und zwar Zucker und Wasser zu gleichen Teilen.

Am erfolgreichsten ist die Triebfütterung bei andauernd warmer Witterung. Treten kalte und regnerische Tage ein, so dass die Bienen längere Zeit hindurch nicht ausfliegen können, so gerät das Brutgeschäft ins Stocken, wenn man nicht dünnflüssigen Honig füttert. Durch die Fütterung an solchen Tagen wird die bereits spärlich eingetretene Tracht künstlich erhalten, so dass die Königin mit dem Absetzen von Eiern ununterbrochen fortfährt.

Sobald sich ein Volk entfaltet und die letzte Wabe an dem inneren Fenster belagert, hänge man ihm leere Waben, die nur Arbeiterzellen enthalten, in den Brutraum.

Außerdem halte man die Bodenbretter der Stöcke reinlich, weil die Bienen dies jetzt noch nicht selbst tun. Denn in dem Gemüll leben die Larven der Wachsmotte, die so genannten Rangmaden und die Eier der Bienenlaus. Hält man die Stand- und Bodenbretter stets rein, so können sich Rangmaden und Bienenläuse im Stock nicht vermehren.

C. Die Königinnenzucht

Mit Recht nennt man die Königin die Seele des Biens. Der rationelle Imker muss darum den ganzen Sommer hindurch, will er von Instinkt, den Launen der Bienen und dem bloßen Zufall unabhängig sein, begattete Königinnen und Weiselzellen vorrätig haben, über die er zu jeder Zeit nach Bedürfnis und Belieben verfügen kann. Plötzlich eingetretene Weisellosigkeit der Standstöcke kann dann zu jeder Zeit beseitigt werden, dem künstlichen Schwarm kann man sofort eine fruchtbare Mutter geben, und im Herbst kann man alte abgelebte Königinnen durch junge kräftige ersetzen. Züchtet der Imker eine fremdländische Bienenrasse, so erzielt er durch eine besondere Königinnenzucht am schnellsten, sichersten und gefahrlosesten einen Stand echter fremder Rasse.

1. Weiselzuchtstöckchen

Zur Erbrütung einer jungen Königin bedarf man nur weniger Arbeitsbienen und darum auch nur kleiner Bienenwohnungen. Weil man den Bau der kleinen Völkchen oft herauszunehmen und zu untersuchen hat, muss der Bau derselben beweglich sein. Der Bequemlichkeit wegen haben wir die so genannten Weisel- oder Königinnenzuchtstöckchen. Weil die Beutchen nur im Sommer benutzt werden, so sind sie aus einfachen Brettchen einer leichten Holzart gearbeitet. Damit man die Rähmchen und Waben der Standbeuten für die Weiselzuchtstöckchen benutzen kann, haben die Beutchen mit den großen Beuten gleiche Lichtenweite und gleiche Höhe. Die Tiefe der Beutchen ist beliebig; es genügt, wenn man ihnen eine Tiefe für drei bis vier Waben gibt. (Abb. 38)

Benutzt man kleinere Kästchen (Abb. 39) zur Weiselzucht, dann zieht die junge befruchtete Königin mit dem Völkchen leicht aus, wenn man sie nicht bald anderweitig verwendet. Die kleineren Kästchen bieten den Vorteil, dass man zur Aufzucht der Königinnen nur verhältnismäßig wenig Bienen nötig hat.

Weil eine befruchtete Königin im Sommer wertvoll ist, halten die Lüneburger Großimker auf dem Bienenstand eine Anzahl kleiner Völkchen (Pötte genannt). Ist eine befruchtete Königin gestorben, so wird dem Volk sofort eine aus dem „Pott" zugesetzt. Für die entnommene wandert eine unbefruchtete wieder in den „Pott". Um für alle Fälle stets Königinnen zur Verfügung zu haben, werden aus einem Nachschwarm sämtliche Königinnen ausgesucht und in Kloben (Weiselhäuschen) getan. Diese steckt der Imker in den Kopf des Stülpkorbes, gibt den Schwarm hinein und reicht demselben ein starkes Futter. Die Bienen füttern nun sämtliche Königinnen, welche in Kloben im Stock sitzen, und gewöhnen sich an diesen Zustand. Der Imker gibt oder nimmt aus diesem Korb (Fütterer genannt) Königinnen.

2. Bevölkerung der Weiselzuchtbeutchen

Der Zeitpunkt, Weiselzuchtbeutchen zu bevölkern, ist eingetreten, wenn andauernd warme Witterung herrscht, die Bienen bereits einige Tracht haben und in einigen Völkern bedeckte Drohnenbrut steht, einige Drohnen vielleicht schon den Zellen entschlüpft sind.

Wenn der Anfänger bereits eine größere Anzahl starker Völker besitzt, so ist der einfachste Weg, zu Weiselzellen zu gelangen, der, dass man ein starkes Kastenvolk entweiselt. Um bei dem Ausfangen der fruchtbaren Mutter von den Arbeitsbienen nicht sonderlich belästigt zu werden, nehme man die Arbeit vor, wenn recht viele Bienen auf dem Feld sind. Die Königin gebe man einem weisellosen Volk. Ist ein solches nicht vorhanden, so bringe man sie mit einer Anzahl Bienen in ein Weiselzuchtstöckchen, da sich später Gelegenheit finden wird, sie zu verwerten.

Sobald das entweiselte Volk den Verlust der fruchtbaren Mutter gewahr wird, setzt es auch alsbald Weiselzellen an. Füttert man das Volk am Tag der Entweiselung mit flüssigem Honig, so setzt es besonders viele Weiselzellen an. Am meisten werden erbaut, wenn man von einer Wabe mit offener Brut unten einen fingerbreiten Streifen abschneidet.

Am achten Tag nach der Entweiselung untersucht man die Beute und zählt die angesetzten Weiselzellen; sind zwei oder drei so dicht aneinander gebaut, dass man sie, ohne zu beschädigen, einzeln nicht ausschneiden kann, so werden sie nur für e i n e gezählt. Erwärmt man ein recht dünnes scharfes Federmesser, so kann man n a h e aneinander gebaute Zellen doch noch trennen, ohne eine zu beschädigen. Jede Brutwabe, die das Volk hat, erhält eine Weiselzelle. Das Wabenstückchen, an dem die

Weiselzelle sitzt, legt man auf die betreffende Brutwabe und zeichnet mit dem Federmesser durch Einritzen an, einen wie großen Ausschnitt man machen muss, um das Wabenstückchen einfügen zu können. Gewinnt man aus dem entweiselten Stock mehr einzelne Weiselzellen als Brutwaben, so entnimmt man die fehlenden Brutwaben aus anderen starken Beuten. Endlich wird das Volk in so viele kleine Völkchen geteilt, als man mit königlichen Zellen versehene Brutwaben hat. Ein Völkchen bleibt in der Mutterbeute, die anderen kommen in die bereitstehenden Weiselzuchtbeutchen. Zunächst hängt man eine teilweise mit Honig gefüllte Wabe ein; dann folgt die Wabe mit der Weiselzelle, und dann fügt man noch zwei teilweise mit Honig versehene Waben hinzu. Liefert die Mutterbeute nicht hinreichend Bienen zur Bevölkerung der Beutchen, so nehme man Volk aus anderen starken Beuten. Um Beißerei zu verhüten, vermische man die Bienen aus der geteilten Beute, die weisellos war, nicht mit den Bienen aus weiselrichtigen Stöcken. Endlich werden die Beutchen mit Drahtgitter verschlossen und in den dunklen Keller gestellt. In der Nacht bauen die Bienen die eingefügten Weiselzellen fest an, so dass die Beutchen am anderen Tag auf einem etwa ½ Stunde weit entfernten Stand gebracht werden können.

Gar manchen Gang erspart man sich, wenn man gleich nach dem ersten Reinigungsausflug ein starkes Volk auf einen entfernten Stand schafft; entweiselt und teilt man dort rechtzeitig das Volk, so kann man die Weiselzuchtbeutchen mit nach Hause nehmen, wo man sie fleißig warten und sorgfältig beobachten kann. Wartet man mit der Teilung des Volkes, bis die Weiselzellen dicht vor dem Ausschlüpfen sind (12-14 Tage) und stellt dann die kleinen Völkchen mindestens 3 Tage in einen dunklen Raum, so laufen inzwischen die Königinnen aus. Das Völkchen fühlt sich dann als Ganzes und man kann es ohne große Bedenken gegen Abend auf dem Heimatstand aufstellen. Wenn auch einzelne Bienen wieder auf den alten Platz zurückfliegen, so bleibt die Mehrzahl doch bei der neuen Mutter.

Der Anfänger, welcher nur eine geringe Zahl alter Völker besitzt, wird sich schwerlich entschließen, ein altes Volk zu entweiseln und zu teilen. Er benutze dann die kleinen Befruchtungskästen (Abb. 39) zur Weiselzucht. Es müssen dann allerdings schon Weiselzellen zur Verfügung stehen. Diese erhält man dadurch, dass man das beste Volk entweiselt und die alte Königin mit wenigen Bienen in einem Weiselzuchtstock aufbewahrt. Spätestens am 13. Tag entnimmt man dem entweiselten Stock alle Weiselzellen und verwendet die besten zur Königinzucht. Am anderen Tag gibt man dann dem Stock seine alte Königin mit der nötigen Vorsicht zurück.

Die Befruchtungskästen werden in der Weise besetzt, dass man zuerst den Futtertrog mit einem steifen Zuckerbrei oder mit hartem Honig füllt, die Wabenträger mit schmalen Anfangsstreifen versieht und die Bienen einer vollbesetzten Wabe aus einem volkreichen Kasten hineinfegt. Der Deckel wird aufgelegt und an den Holzpfropfen im Deckel wird eine dem Auslaufen nahe Weiselzelle angeklebt. Mit geschlossenem Flugloch stellt man die Kästchen etwa 3 Tage in einen dunklen Raum. Unterdessen ist die Königin ausgelaufen und man kann nun das Kästchen gegen Abend auf einen beliebigen Platz im Bienenhaus stellen und das Flugloch öffnen. Es werden wenige Bienen auf ihren alten Platz zurückfliegen. Die Befruchtung der Königin geht in solchen Kästchen sehr schnell vor sich.

Ist ein weiselloses Volk auf dem Stand vorhanden, so kann man diesem geeignete Brutwaben einhängen, damit Weiselzellen angesetzt werden.

Stehen starke Völker zur Verfügung und will man stark vermehren, so richte man zwei Zuchtstöcke ein; man erhält dann vielleicht die doppelte Anzahl von Weiselzellen.

Solange die Weiselzuchtstöckchen bloß Weiselzellen haben, können sie mit Bienen von beweiselten Stöcken verstärkt werden. Sobald eine junge Königin ausgelaufen ist, dürfen sie nur noch mit Brutwaben verstärkt werden, deren Nymphen zum

Auslaufen reif sind; denn Bienen aus beweiselten Völkern würden die junge Königin sofort anfallen und erbarmungslos abstechen, und selbst durch Einsperren würde man sie vom Tod nicht retten.

Die Stabilbauimker stellen von einem Nachschwarm, der oft 5-10 Königinnen hat, soviel Völkchen auf, als Königinnen und Arbeitsbienen vorhanden sind.

3. Verschiedenes zur Weiselzucht

Grundsatz bei der Weiselzucht muss sein, dass man nur von solchen Völkern nachzieht, die sich durch Fleiß, Volksreichtum und guten Honigertrag auszeichnen. Solchen Völkern lasse man möglichst alle Drohnen, während man bei den weniger guten Völkern die Drohnenzucht auf das geringste Maß einschränkt. Die Zucht muss eine Wahlzucht sein. Die Wahlzucht lässt sich am einfachsten bei einer besonderen Weiselzucht durchführen.

Die Zuchtmethode ist entweder Inzucht oder Kreuzung. Die Inzucht im engeren Sinn ist Verwandtschaftszucht, im weiteren Sinn aber Reinzucht. Nach dem Grad der Verwandtschaft ist die Verwandtschaftszucht entweder Familienzucht oder, bei allernächster Verwandtschaft, Inzestzucht. Zu lange fortgesetzte Verwandtschaftszucht führt nach unseren bisherigen Beobachtungen zur Drohnenbrünstigkeit und ist darum zu vermeiden. Die Methode der Kreuzung befolgen wir, wenn wir Tiere zur Paarung zulassen, welche verschiedenen anerkannten Rassen oder Abarten der Honigbiene angehören. Bei der Kreuzung können wir drei Ziele verfolgen: Bildung einer neuen Rasse oder Abart, Umbildung einer Rasse und Veredelung einer Rasse oder einer Abart.

Ist ein Stand infolge Inzestzucht oder aus irgendeinem anderen Grund in seiner Leistungsfähigkeit gesunken, so schreite man zur Blutauffrischung. Man kaufe auf entfernten Ständen recht leistungsfähige Völker an und nehme sie auf den heimischen Stand. Bei den angekauften Völkern fördere man den Ansatz von Drohnenbrut, damit fortan wenigstens die meisten jungen Königinnen von recht leistungsfähigen, lebenskräftigen Drohnen begattet werden. Recht bald wird sich dann die Leistungsfähigkeit des Standes wieder heben. Bei der Blutauffrischung gehören also die neubeschafften Völker zu der bereits heimischen Rasse; denn beschaffte man eine andere Rasse dazu, betriebe man ja nicht Blutauffrischung, sondern Kreuzung. Werden mit den Bienen Wanderungen in entfernte Trachtgegenden vorgenommen, so findet stets eine Blutauffrischung statt und deshalb sind die Bienen der Wanderbienenzüchter stets leistungsfähiger als die Bienen, mit welchen nicht gewandert wird.

D. Die Zeit der Frühjahrsvolltracht

Ist günstige Witterung, so tragen die Bienen schon im März und April etwas Pollen und einige Honigtröpfchen ein. Es ist dies die Vortracht. Haben die Bienen endlich so reiche Tracht, dass sie die Vorräte aufspeichern, so ist die Frühjahrsvolltracht eingetreten. Die Pflanzenart, welche den meisten Honig liefert, gibt die Haupttracht. Nach den jeweiligen Witterungsverhältnissen ist auf die Zeit des Eintretens der Haupttracht zu schließen. Weide (Palm), Heidelbeere, Raps, Obstbäume usw. sind die Pflanzen, von welchen die Bienen in der Regel die Frühlingsvolltracht haben.

1. Beförderung des Brutansatzes

In honigarmen Gegenden, wo die Haupttracht im Mai plötzlich eintritt, ist Volksreichtum der Stöcke die Hauptbedingung einer guten Honigernte oder einer reichen Vermehrung; darum muss man den Brutansatz noch vor Beginn der Volltracht künstlich steigern.

Da die Wärme ein Hauptbeförderungsmittel der Brut ist, so halte man die Stöcke jetzt noch möglichst warm. Stöcke mit unbeweglichen Waben schütze man besonders während der Nacht gegen starke Abkühlung, und bei Beuten halte man den Brutraum noch durch ein eingestelltes Fenster, Brett usw. verengt. Um die Strohkörbe legt man vom Februar an eine Tuchegge oder einen lose gedrehten Strick, der den Luftzutritt zwischen Standbrett und Korb verhindert. Einige Imker legen unter den Korbrand Moos.

Wird die Tracht durch ungünstige Witterung mehrere Tage hindurch unterbrochen, so füttere man; die Königin fährt dann in emsiger Eierlage fort.

Bei reicher Pollentracht füllen die Bienen die Waben zu beiden Seiten des Brutnetzes mit Pollen und beschränken dadurch das Brutnest. Man hänge darum, soll das Brutnest weiter ausgedehnt werden, eine Wabe mit Arbeiterzellen mitten in das Brutnest. Zurückgehängt dürfen nur die Waben werden, welche bedeckelte Brut haben, weil diese nur noch wenig Wärme und keine besondere Pflege brauchen. Das Einstellen von leeren Waben ins Brutnest ist jedoch nur bei volksstarken Stöcken von Nutzen.

2. Verstellen schwacher Völker mit starken

Sind zur Zeit der eingetretenen Volltracht noch schwache Völker auf dem Stand vorhanden, so sind sie jetzt zu verstärken.

Stülper, Walzen usw. werden dadurch verstärkt, dass man sie mit volksstarken Strohstöcken verstellt. Bienen, welche beladen einem fremden Stock zufliegen, werden freundlichst aufgenommen; darum muss man die schwachen Stöcke während der Volltracht mit den stärksten verstellen. Führten die Bienen bereits einige Tage hindurch reichlich Honig, so stellt man den schwachen Stock auf den Platz eines recht starken, und der starke kommt genau auf den früheren Platz des schwachen. Die geeigneten Tagesstunden zum Verstellen sind die zwischen 10 und 2 Uhr. Die Anflugbretter der versetzten Stöcke müssen aber gleich hoch und sonst ähnlich gekennzeichnet sein, damit die Bienen nicht irrewerden. Durch die zufliegenden Bienen des starken Volkes ist das volksarme nun stark geworden, wird täglich schwerer und setzt reichlich Brut an. Die Königinnen kommen nicht in Gefahr, eingeschlossen und umgebracht zu werden, weil sich Trachtbienen wenig um sie bekümmern; ermüdet von des Tages Last, sammeln sie sich um das Brutnest. Nur hüte man sich, die Stöcke zur Zeit eines Vorspiels zu verstellen, weil dann junge Bienen, die besonders zärtlich an ihrer verwöhnten Mutter hängen und darum eine fremde anfallen, in einen fremden Stock kommen. Der früher starke Stock verliert zwar den größten Teil seiner Trachtbienen; aber dafür fliegen ihm die Trachtbienen des schwachen zu, und täglich laufen junge Bienen aus, so dass er nach einigen Tagen wieder in voller Arbeit ist.

Kasten kann man ebenfalls untereinander verstellen; nur beseitige man jeden Umstand, der die Bienen beirren könnte. Vorzuziehen ist bei Kastenvölkern aber das Verstärken durch Waben mit auslaufender Brut. Ziemlich reife Brut erkennt man daran, dass die Deckel der Brutzellen nicht mehr erhaben, sondern bereits eingefallen sind. Ist der Bau nicht sehr alt, so erscheint die Brut dunkel, wenn man sie gegen das Licht hält und schlüpft dann bald aus. Die Bienen an den einzustellenden Brutwaben darf man nicht in die fremde Beute bringen, weil sie die Königin anfallen könnten; eingesperrt aber darf die Königin nicht werden, weil der Brutansatz jetzt nicht unterbrochen werden soll. Man kehre von der entnommenen Brutwabe alle Bienen in ihre Beute zurück, und erst dann stelle man die Brut dem schwachen Stock ein. Im Allgemeinen ist das Verstellen der Völker ein gewagtes Unternehmen. Der Anfänger mache daher mit zwei Völkern einen Versuch.

3. Leitung und Beförderung des Wabenbaues

Die Bienen bauen nur, wenn sie Zellen zur Brut und zur Honig- und Pollenablagerung brauchen. In den Monaten Mai und Juni waltet der Vermehrungstrieb im Bienenvolk vor, deshalb baut es in diesen Monaten selbst bei spärlicher Tracht dennoch reichlich Zellen, ja verwendet nicht selten die eingetragenen Honigvorräte auf den Wabenbau und die Erbrütung junger Bienen. Instinktmäßig trachten die Bienen danach, ihre ganze Wohnung mit Waben auszubauen. Alle Zellen aber, die leer bleiben, d. h. die in der Trachtzeit weder mit Honig angefüllt noch zur Erbrütung junger Bienen benutzt werden, wurden nutzlos fürs Volk erbaut. Waben bauen zu lassen, um sie einzuschmelzen und als Wachs zu verkaufen, wäre ein schlechtes Geschäft; denn aufgrund vielfacher Beobachtungen hat man berechnet, dass die Bienen etwa 10 bis 12 Pfund Honig und eine entsprechende Menge Pollen verzehren müssen, um 1 Pfund Wachs zu erzeugen. Nun hat 1 Pfund Wachs einen Wert von etwa 1,50 – 2,00 Mk. und der zu seiner Erzeugung verbrauchte Honig das Pfund nur zu 1 Mk. gerechnet, hätte einen Wert von 10-12 Mk.; der Imker würde also mindestens 8 Mk. verlieren. Hieraus erhellt, dass der Honiggewinn desto größer ist, je weniger die Bienen Waben bauen. Der einsichtige Imker wird darum nie gute Wachswaben einschmelzen, sondern sie in der Trachtzeit den Völkern einhängen, damit sie dieselben mit Honig füllen. In allen honigarmen Gegenden erntet man in mittelmäßigen Jahrgängen keinen Honig, wenn man nach Willkür der Bienen Waben bauen lässt. N u t z l o s sollen die Bienen nicht bauen; nie erweitere man den Brutraum, um bloß Zellenbau zu veranlassen. In das Brutlager muss man, soll es erweitert werden, leere Waben einstellen, die nur Arbeiterzellen enthalten. Wo solche leeren Waben nicht zur Verfügung stehen, werden künstliche Mittelwände eingehängt. Doch hüte man sich, selbst einem starken Volk zurzeit mehr als zwei solcher Mittelwände einzuhängen.

Erst wenn die eingehängten Mittelwände ausgebaut sind, darf man weitere nachhängen. Hierdurch verhindert man den Bau von Drohnenzellen und den Ansatz der Drohnenbrut im Brutlager; denn schon die Erbrütung der Drohnen kostet viel Honig, und die fertigen Drohnen verzehren ebenfalls große Honigmassen.

Um die Bienen zu veranlassen, die Waben in einer bestimmten Richtung regelmäßig zu bauen, klebt man Wabenstreifen als so genanntes Richt- oder Lehrwachs an. In Stöcken mit unbeweglichen Waben klebt man die Richtwaben an den Deckel des Stockes und bei Kastenvölkern in die Rähmchen. Das natürliche Anklebemittel ist Wachs. Die mit Lehrwachs ausgestatteten Rähmchen hängt man vorläufig in die Honigräume starker Völker, um sie dort von den Bienen ausputzen und anbauen zu lassen.

Da vor der Schwarmzeit wenig Waben mit Arbeiterzellen gebaut werden, so lasse man jetzt nur im Honigraum frei bauen. Hält man den Honigraum warm, so bauen die Bienen die Waben rasch fertig. Lücken im Bau füllen die Bienen in der Bauzeit besonders schnell mit Waben aus; man befördert daher im Honigraum den Wabenbau, wenn man zwischen die Waben Rähmchen mit Anfängen hängt. Um den Bau noch mehr zu beschleunigen, hänge man eine bedeckelte Brutwabe in den Honigraum und neben dieselbe Rähmchen mit Anfängen; denn die Brut suchen die Bienen möglichst schnell durch Waben zu verdecken.

4. Anbringung der Honigaufsätze und Öffnung der Honigräume

Jedes nur mittelmäßig starke Volk legt im Frühjahr das Brutnest in der oberen Hälfte des Brutraums an und rückt erst später mit der Brut nach unten zu. Tritt nun plötzlich reiche Honigtracht ein, so müssen die Bienen den Honig wider ihre Natur in der unteren Hälfte absetzen, um ihn später in die obere zu schaffen. Unmittelbar vor der Tracht hänge man darum in starken

Völkern die Hälfte der Brutwaben in die untere Hälfte in die Nähe des Flugloches und verteile die entfernten leeren Waben auf den übrigen Raum. Durch dies Ordnen der Brutwaben befördert man die Honigablagerung und gibt der Königin Gelegenheit, das Brutnest durch den ganzen Brutraum auszudehnen.

Reichliche Honigernten machen wir nur dann, wenn wir den Bienen zur Trachtzeit Gelegenheit geben, ihren Honig in besonderen Honigräumen aufzuspeichern.

Strohstülper, Traubenstülper usw., die einen genügend großen Brutraum haben, erhalten nie einen Untersatz, weil dieser jetzt größtenteils mit Drohnenzellen ausgebaut werden würde. Hat man mit Waben ausgebaute Ringe, so nimmt man den Deckel des Korbes ab und setzt den Ring auf, oder man setzt den Ring auf den Deckel und zieht nur den Spund heraus. Noch besser ist es, einen Honigaufsatz einzurichten, in den die Königin nicht gelangen und Brut ansetzen kann. Man zieht den Spund im Deckel heraus, legt ein Absperrgitter auf und stellt den bodenlosen Honigaufsatz auf. Wo der Aufsatz auf dem Brutstock aufsteht, wird er sorgfältig mit Lehm verstrichen. Ist noch reiche Honigtracht, so kann abermals ein Aufsatz gegeben werden. Statt der Holzkästchen kann man auch Glasglocken, Glaskästchen usw. aufsetzen. Gläserne Aufsätze müssen aber mit einem Holzkästchen überstürzt werden, damit sie vollkommen dunkel stehen. Glasglocken usw. bleiben auf dem Brutstock, bis sie voll gebaut und alle Zellen bedeckelt sind.

Füllt ein Kastenvolk den Brutraum vollständig aus oder steht eine reiche Tracht vor der Tür, so werden die Honigräume geöffnet, bzw. werden den Kasten mit Oberbehandlung die Honigräume aufgesetzt. Ein eingelegtes Absperrgitter hält die Königin vom Honigraum fern. Man tut gut, ein oder mehrere Brutwaben in den Honigraum zu stellen, wodurch man die Bienen sofort zahlreich in den Honigraum lockt. Anfänglich gebe man den Bienen im Honigraum nur vier bis fünf Waben; erst wenn diese mit Honig gefüllt sind, hänge man mehr Rähmchen ein. Stattet man den ganzen Honigraum sofort mit ausgebauten Waben aus und tritt nicht reiche Tracht ein, so erhält man Waben, die nur zum Teil mit Honig gefüllt sind. Ist das Volk jedoch stark genug, den ganzen Honigraum zu besetzen, so gebe man den ganzen Raum frei, sonst kommt das eingeengte Volk sehr leicht zur Unzeit auf Schwarmgedanken.

Die Honigräume der Oberlader werden in neuerer Zeit vielfach mit so genannten Dickwaben ausgestattet, das sind 10-12 cm hohe Rähmchen, deren Leisten statt 25 mm mindestens 35 mm breit sind. Die Bienen ziehen die Zellen in den Dickwaben bedeutend länger aus als in den gewöhnlichen Rähmchen. Die tieferen Zellen halten die Königin von der Ablage der Eier ab, so dass man die Dickwaben ohne Absperrgitter aufsetzen kann. Nach Bedarf kann man mehrere der niederen Honigräume aufeinander setzen.

Ist der Honigraum endlich bis auf die letzte Wabe ausgebaut, so nimmt man die bereits bedeckelten Honigwaben heraus und gibt die noch unbedeckelten und zum Teil leeren zurück. Sollen die Bienen im Honigraum nochmals bauen, so hängt man Rähmchen mit Anfängen zu. Der leere Raum wird von den Bienen, wenn die Tracht noch anhält, sehr bald ausgebaut.

Die schönsten Honigwaben bestimmt man als Tafelhonig und die übrigen entleert man mit der Schleudermaschine.

5. Das Naschen und Rauben in der Trachtzeit

In der Trachtzeit gibt es immerhin einzelne fremde Bienen, welche an den Stöcken nach Honig spionieren. Sie setzen sich aufs Anflugbrett und halten ihren Rüssel hin, um sich Honig reichen zu lassen; bald werden sie dreister, dringen in die Stöcke ein und saugen sich voll Honig. Die Bienen des beraubten Stockes nehmen in der Trachtzeit gar keine Notiz von den Näschern, weil sie nur aufs Einsammeln bedacht sind; die jungen Bienen im Stock, welche Futtersaft bereiten und bauen, fallen die Näscher auch nicht an. Gar nicht selten artet die Näscherei in gefährliche Räuberei aus. Räuberei ohne jegliche Beißerei tritt nicht selten zur Zeit der Rapsblüte ein. Solche Räuberei ist das Ärgerlichste, was in der Bienenzucht vorkommen kann. Denn da die Völker nicht wissen, dass sie beraubt werden, so nützt ein Verengen und Verblenden des Flugloches nichts, und übel riechende Dinge schrecken die Räuber auch nicht zurück. Der Imker sei darum zur Trachtzeit auf die Näscher ja recht aufmerksam, um Räuberei nicht erst einreißen zu lassen. Gehoben wird diese schleichende Räuberei nur dadurch, dass die raubenden Völker auf einen wenigstens ½ Stunde weit entfernten Stand versetzt werden. Gehören die raubenden Völker einem Nachbar, der sie nicht fortschaffen kann oder will, so bedenke man sich nicht lange, sondern versetze den eigenen Stand. Nur die angefallenen Stöcke wegzuschaffen, genügt durchaus nicht, weil die Räuber sofort die zurückgebliebenen Völker anfallen und diese, mit dem Eintragen beschäftigt, sich in der Regel ebenfalls nicht wehren. In der trachtlosen Zeit ist es ganz anders, da wehrt sich jedes weiselrichtige Volk auf Leben und Tod.

6. Wanderung auf Frühjahrsweide

Weil es keinen Ort gibt, dessen Pflanzenwelt den Bienen die ganze Flugzeit hindurch ununterbrochen Honigweide darbietet, so wandert der einsichtige Imker mit seinen Völkern aus dem Ort, dessen Honigquellen noch nicht fließen oder bereits versiegt sind, an einen anderen, der eben reiche Tracht darbietet.

Wohl kaum irgendeine Pflanze honigt so reichlich wie die Heidel- oder Blaubeere, welche – je nachdem die Frühjahrswitterung ist – Ende März oder im April blüht. Geht man zur Blütezeit dieser Pflanze durch den Wald, so werden die Stiefel mit Nektar benetzt; denn jede Blüte enthält einen kleinen Nektartropfen. Können die Bienen die Heidelbeere auch nur einige Tage hindurch befliegen, gießen sie alle Zellen voll Honig, so dass es der Königin an leeren Zellen zum Absetzen der Eier fehlt. Man wandere darum, hat man Gelegenheit dazu, mit den Völkern in den Wald. Im Wald ist es überhaupt windstiller und die Bienen können da auch an nicht sonderlich freundlichen Tagen fleißig eintragen. Ende April blüht in den Wäldern auch die Birke, die Eiche usw. und endlich tritt der Faulbaum (Schieß- oder Hundebeere) in die Blüte. Eine überaus reiche Tracht gewährt der Raps. Er honigt unter allen Witterungsverhältnissen, wenn auch nicht immer gleich reichlich. Hat man am Wohnort nicht Rapsfelder, so wandere man wenigstens mit einem Teil der Völker dahin, wo Raps angebaut ist.

Das Fortschaffen der Völker ist jetzt nicht gefährlich und wenig mühsam, weil der Bau hart und fest ist und nur geringe Honigvorräte in den Stöcken sind. Aufmerksamer muss man beim Nachhauseschaffen sein, weil dann die Stöcke voll Honig sind und der Bau weich ist. Zum Verbinden der Strohstöcke bedient man sich der Bienentücher, in deren Mitte Drahtgitter eingenäht ist. Sind die Körbe bis auf das Bodenbrett voll gebaut, so gibt man ihnen vorher einen Untersatz, den man mit eisernen Klammern befestigt und mit Lehm verschmiert. Die Richtung der Waben bezeichnet man mit Kreide am Korb, um ihn so auf den Wagen zu stellen, dass die Kanten der Waben den Leitern zugekehrt stehen. Man lädt die Stöcke des Abends auf und fährt die Nacht hindurch.

Der Kastenbeute hebt man die Tür aus und befestigt das Bienentuch durch angestiftete Holzleistchen. Bequemer ist es, wenn man für die Beuten besondere Wandertüren hat. Die Fenster müssen ebenfalls entfernt und die Rähmchen durch vorgesteckte Stifte oder vorgeklemmte Leisten befestigt werden.

An Ort und Stelle angekommen, hebt man die Stöcke in senkrechter Lage vom Wagen. Weil sich jetzt die Waben abgelöst haben können, so muss man beim Umwenden der Stöcke ganz besonders auf die Richtung der Waben achten, damit sie nicht noch umbiegen und abbrechen; es müssen darum beim Abladen die Wabenkanten auf den Ablader zu gerichtet stehen. Beim Wandern mit Bienen sind zwei Punkte zu beachten: 1. Die Waben im Stock dürfen nicht wackeln und die Stöcke auf dem Wagen auch nicht. 2. Die Bienen müssen luftig sitzen.

Öffnet man das Flugloch, so blase man sofort Rauch in dasselbe, damit die Bienen nicht wild hervorstürzen und stechlustig werden.

Die lüneburgischen Imker haben zum Transport der Bienenvölker eigens eingerichtete Wagen. Sehr praktisch ist es, wenn der Bienenzüchter seine Völker auf dem Wagen in der aufgesuchten Weide stehen lässt. Es sind daher schon vielfach so genannte Wanderwagen im Gebrauch, in die man die Kasten fest eingebaut hat; also ein Bienenhaus auf Rädern. (Abb. 40)

E. Das Schwärmen der Bienen

Zunächst sorgt das Bienenvolk zur Erbrütung junger Einzelwesen. Haben sich endlich die Wesen im Bien vervielfacht und stehen die Waben mit Brut und Honig gefüllt, so sorgt das Volk für die Fortpflanzung der Kolonie. Es gibt daher im Bien eine doppelte Fortpflanzung: die Fortpflanzung der Einzelwesen und die Fortpflanzung der Kolonie. Die Vermehrung der Einzelwesen geht im Brutansatz vor sich; die Vermehrung der Kolonie nennen wir das Schwärmen.

1. Arten der Schwärme

Hat das Bienenvolk den Höhepunkt seiner Entwicklung erreicht, so bereitet es das Schwärmen vor. An geeigneten Stellen, besonders an den Kanten der Waben erbauen die Arbeiter königliche Zellen, so genannte Schwarmzellen, und in einem Zeitraum von ein bis fünf Tagen besetzt die Königin die Weiselzellen mit (weiblichen) Eiern. Sind die königlichen Larven herangewachsen, vielleicht gar schon bedeckelt, so versucht die Königin aus Eifersucht die Weiselzellen zu zerstören, wird aber von den Arbeitsbienen davon abgehalten. Endlich fühlt sich die alte fruchtbare Mutter nicht mehr sicher im Stock und verlässt ihn mit einem großen Teil der Arbeitsbienen und einer Anzahl Drohnen, um eine neue Kolonie zu gründen. Allgemein nennt man die mit der fruchtbaren Mutter ausziehenden Arbeitsbienen den Vor-, Erst- oder Hauptschwarm. Verhindert eingetretene ungünstige Witterung das Ausziehen des Vorschwarms, so zerstören die Bienen entweder die Weiselzellen zwei oder drei Tage vor der Reife der Nymphen und geben das Schwärmen auf einige Zeit oder für immer auf, oder aber die ersten jungen Königinnen laufen aus, ehe der Vorschwarm abgezogen ist, und stechen die alte fruchtbare Königin ab. Der Vorschwarm kommt dann mit einer unbefruchteten jungen Königin und heißt dann Singervorschwarm. Ist nach dem Abgang des Vorschwarms die Schwärmlust erloschen, so zerstören die Arbeitsbienen die Weiselzellen entweder vor der Reise derselben bis auf eine oder erst, wenn eine junge Königin ausgeschlüpft ist. Bleibt aber die Schwarmlust im Volk rege, so pflegen die Bienen die Weiselzellen fort. Hat eine königliche Nymphe die Reife erlangt, so beißt sie eine Ritze in ihre Zelle und gibt Töne von sich, die wie „quak, quak" klingen. Weil noch keine Königin frei ist, so erhält sie auf ihre Ruftöne keine Antwort, fühlt sich darum sicher, beißt den Deckel ihrer Zelle ganz ab und schlüpft aus. Sobald sie die bedeckten Weiselzellen bemerkt, bringt sie Fragetöne hervor, die wie „tüt, tüt" klingen. Bald wird eine zweite Königin flügge, fängt an zu quaken und die freie Königin antwortet mit Tüten. Endlich werden noch andere Königinnen reif, und nun tütet und quakt es ununterbrochen im Stock. Aus Furcht vor der freien Königin bleiben die quakenden Königinnen in ihren Zellen sitzen und stecken nur von Zeit zu Zeit durch die Öffnung den Rüssel hervor, um sich von den Arbeitsbienen füttern zu lassen. Nachdem es einen Tag über im Stock getütet und gequakt hat, verlässt bei günstiger Witterung die tütende Königin mit einem Teil des Volkes den Stock. Den Schwarmtrubel im Stock machen sich noch nicht geschlüpfte reife Königinnen zu nutze, verlassen schnell ihre Zellen und mischen sich mit unter den ausziehenden Schwarm. So enthalten die Zweit- oder Nachschwärme in der Regel mehrere Königinnen, von denen in der nächsten Nacht alle bis auf eine von den Bienen getötet werden. Auch die Königinnen selbst fallen übereinander her, die stärkste bleibt Siegerin und tötet die schwächere mit ihrem Stachel. In dem Mutterstock hat indessen eine der zurückbleibenden Königinnen das Geschäft des Tütens übernommen, der die noch in den Zellen sitzenden quakend antworten. Am dritten Tag zieht nun entweder abermals ein Teil des Volkes mit junger Königin ab, oder die noch nicht geschlüpften Weiselzellen werden seitlich angenagt und die Königinnen darinnen getötet. Hauptaufgabe des Züchters ist, dahin zu sehen, dass die Völker stark genug bleiben. Er darf den Mutterstock nicht kahl werden lassen. Hört das Schwärmen nicht auf, so muss das Volk gegen Abend abgetrommelt werden. Es bleibt während der Nacht in einem leeren Korb liegen. Bei dem Abtrommeln laufen die meisten Königinnen aus den Zellen und befinden sich im abgetrommelten Volk. Die Bienen wählen sich eine aus und töten die übrigen. Am Morgen entfernt der Züchter aus dem alten Mutterstock alle noch vorhandenen Weiselzellen und nachdem dies geschehen, gibt er das am Abend abgetrommelte Volk auf den Mutterstock zurück. Das Schwärmen ist nun vorüber. Ein Nachschwarm ist selten so stark, dass er allein aufgestellt werden kann. Man vereinigt daher mehrere Nachschwärme. Nur starke Völker liefern reiche Erträge.

Ist besonders günstige und reiche Tracht, so bringt der Vorschwarm nach einigen Wochen wieder einen Schwarm, der die alte fruchtbare Mutter hat; ein solcher Schwarm heißt Jungfernschwarm, und die nach ihm ausgetriebenen Nachschwärme nennt man Jungfernnachschwärme.*)

2. Der Vor- und Erstschwarm

Hat ein Stock bereits Drohnenbrut angesetzt und liegt er stark vor, so kann man annehmen, dass er das Schwärmen bereits vorbereitet. Sieht man im Stock, der eine rüstige, fruchtbare Mutter hat, Weiselzellen mit Eiern oder Larven, so erfolgt bald der Schwarm; sind die Weiselzellen gar schon bedeckelt, so kann man bei günstiger Witterung den Schwarm in den nächsten Tagen erwarten. Erst unmittelbar vor dem Ausziehen des Schwarmes bemerkt man untrügliche Vorzeichen des nahen Schwarmes. Wenn pollenbeladene Bienen, statt in den Stock zu gehen, sich an den vorliegenden Klumpen hängen, und ziehen sich die vorliegenden Bienen, ohne dass die Lufttemperatur gesunken ist, plötzlich in den Stock zurück, drängen sich teilweise wieder mit Hastigkeit heraus, fliegen aber nicht ab, sondern schlagen mit den Flügeln und drängen sich abermals in den Stock hinein, so zieht nach wenigen Minuten der Schwarm aus.

Vorschwärme sind rücksichtlich der Witterung sehr wählerisch; sie ziehen nur an schönen, warmen und windstillen Tagen aus. An solchen Tagen müssen die Bienen von früh 9 Uhr bis nachmittags 15 und 16 Uhr unter Aufsicht gestellt werden. Die meisten Schwärme ziehen vormittags zwischen 10 und 12 Uhr aus. Die Bienen stürzen plötzlich aus dem Flugloch heraus, erheben sich und stimmen den fröhlichen Schwarmton an. Die Königin kommt häufig gleich mit den ersten Schwarmbienen aus dem Stock, manchmal erst, nachdem bereits etwa die Hälfte der Schwarmbienen ausgezogen ist. Kehrt sie vor dem Flugloch

*) In Hannover heißt der Schwarm vom Vorschwarm Heidschwarm und wenn dieser noch wieder einen Schwarm abgibt, heißt letzterer Jungfernschwarm.

um und geht in den Stock zurück, so kommt sie an diesem Tag nicht wieder hervor; die bereits schwärmenden Bienen kehren dann ebenfalls in den Stock zurück. Flog die Königin ab, die Bienen kehren aber dennoch zurück, so fiel die Königin zur Erde nieder und wurde von den Bienen nicht bemerkt. Nur die älteren Bienen ziehen mit dem Schwarm aus; die jüngeren, welche Brutfutter bereiten, bleiben im Stock zurück.

Die umherschwärmenden Bienen sammeln sich endlich an einem Zweig, Baumast usw. Gewöhnlich sind es die B i e n e n , welche den Ort zum Anlegen erwählen; sie setzen sich an einer Stelle massenhaft nieder und die Königin folgt ihnen. Setzt sich die vom Flug ermüdete Königin zuerst nieder, so folgen ihr die Bienen. Bevor der Schwarm auszog, manchmal auch erst von der Schwarmtraube aus, schickt das Volk gewöhnliche Arbeitsbienen aus, für den Schwarm eine Wohnung auszusuchen. Die zu diesem Zweck ausgesendeten Bienen heißen S p u r b i e n e n oder Quartiermacher. Besonders am Schwarmtag unterhalten die Spurbienen durch Hin- und Herfliegen einen beständigen Verkehr zwischen der ausgesuchten Höhlung und ihrem Stock, weshalb auch der Schwarm meist nach einigen Stunden, wurde er vom Imker nicht in eine Wohnung gebracht, ausfliegt und das Weite sucht.

Stehen in der Nähe des Bienenstandes hohe Bäume, so legt sich der Schwarm mitunter sehr hoch an und ist dann mühsam einzufangen. Man hänge auf solchen Ständen an die unteren Äste der nächsten Bäume Stücke dicker Rinde auf; die Schwärme setzen sich dann in der Regel an die Rinde an. Auch kann man um den Bienenstand herum Stangen aufstellen, an welchen alte Körbe hängen, die mit der Mündung dem Stand zugekehrt sind. Stehen in der Nähe des Standes gar keine Bäume, so müssen solche Vorkehrungen sogar getroffen werden, um das Durchgehen der Schwärme zu verhindern.

Fiel die Königin zur Erde nieder und folgen ihr die Bienen, so stülpe man einen Korb hohl über die Bienen; der Schwarm zieht

Abb. 40 Wanderwagen

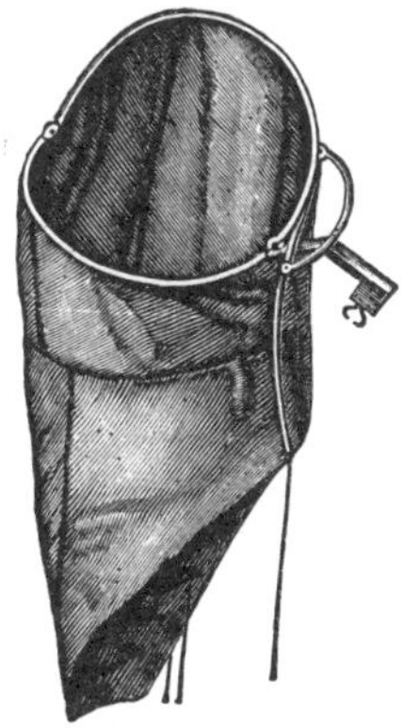

Abb. 41 Fangbeutel

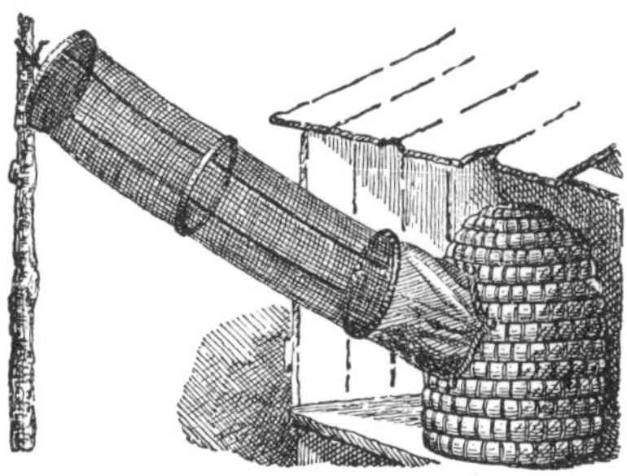

Abb. 42 Schwarmbeutel

dann sofort in die Wohnung ein. Legt sich der Schwarm an ein niedriges Gesträuch usw. an, so setze man den Korb ebenfalls über den Schwarmklumpen. Berührt der Korbrand die Bienen nicht, so bleiben sie in der Regel ruhig sitzen und ziehen nicht von selbst in den Korb ein. Zog der Schwarm in eine Hecke und lässt sich eine leere Wohnung nicht zweckdienlich anbringen, so räuchere man den Schwarm auf eine Seite der Hecke und bringe nun den Korb an. Gewöhnlich legt sich der Schwarm an einen niedrigeren Zweig oder Ast eines Baumes an. Haben sich hier die Bienen gesammelt, so hält man den Fangkorb unter die Schwarmtraube und schüttelt den Schwarm mit einem Ruck in den Korb. Lässt sich der Ast nicht schütteln, so streicht man die Bienen mit einer nassen Feder, von welcher die lange Seite der Fahne abgerissen ist, in den Korb. Sitzt der Schwarm im Korb, so stellt man letzteren hohl auf einen nahe stehenden Tisch, ein danebenliegendes Brett usw.; die noch umherirrenden Bienen ziehen nun von selbst in den Korb ein. Beim Aufstellen des Korbes muss man behutsam verfahren, um nicht Bienen zu zerdrücken. Wendet man den Korb sehr schnell um, so fällt der größere Teil der Bienen auf die Erde herunter und der Schwarm legt sich nochmals an; man muss darum den Fangkorb recht langsam und behutsam umwenden, damit die Bienen Zeit haben, sich im Innern des Korbes anzuklammern.

Hängt der Schwarm an einem hohen Zweig eines Baumes, so bediene man sich zum Einfassen des Fangbeutels (Abb. 41). Er ist ein Sack, dessen Mündung durch einen Reifen offen gehalten wird. Befestigt man den Fangbeutel an eine entsprechende lange Stange, so kann man selbst die sehr hoch hängenden Schwärme in denselben mit einer Hakenstange einschütteln. Da das untere Ende des Beutels bloß zugebunden ist, kann man den eingefangenen Schwarm leicht herausschütteln.

Legt sich der Schwarm an und ein zweiter zieht aus, so überdecke man den ersten mit einem Tuch und spritze Wasser über denselben hin, das wie feiner Regen herab fällt; man verhütet dadurch das Zusammenfallen beider Schwärme. Vereinigen sich dennoch zwei Schwärme zu einer Schwarmtraube, so zögere man nicht, sofort zur Teilung zu schreiten. Man besprenge die Bienen mit kaltem Wasser, schlage sie in den Fangkorb oder Schwarmbeutel ein und stürze sie mit einem Ruck auf ein ausgebreitetes Tuch. Mit einem Holzspan streift man die Bienen auseinander, sucht beide Königinnen und sperrt jede in einen Weiselkäfig. Hierauf steckt man jeden Weiselkäfig im Haupt eines Korbes fest an und stellt beide Körbe hohl über die Bienen. Die Bienen verteilen sich nun zu beiden Königinnen.

Um das Zusammenfallen der Schwärme zu verhüten und sich die Mühe des Einschlagens zu ersparen, bediene man sich des Schwarmbeutels, gewöhnlich „Fangbeutel" genannt (Abb. 42). Er ist aus Fliegenleinwand oder Futtergaze usw. verfertigt. Durch vier Nägel wird der vordere Teil desselben ausgespannt vor das Flugloch gesteckt. Den Beutel befestigt man an einem senkrecht stehenden Stock, damit der Sack ausgespannt erhalten wird. Ist der Schwarm im Beutel, so nimmt man ihn ab und hängt ihn in der Nähe des Stockes im Schatten eines Baumes auf; die noch umherirrenden schwärmenden Bienen sammeln sich dann um die Königin. Ist Ruhe eingetreten, hält man das geöffnete Ende des Beutels in die Wohnung, welche den Schwarm aufnehmen soll, und schüttelt mit einem Ruck den Schwarm hinein. Ganz von selbst leuchtet ein, dass man den Schwarmbeutel auch anwenden kann, wenn nur ein einzelner Schwarm auszieht. Auf großen Bienenständen findet man 20 und mehr Fangbeutel. Dennoch kommt es häufig vor, dass ein Schwarm abzieht, weil der Imker den Fangbeutel nicht vorgesteckt hat. Damit nun die ausziehenden Schwärme sich nicht in hohen Bäumen setzen, ist der Schwarmfänger sehr praktisch.

Wie Abb. 43 zeigt, ist ein Brettchen auf einen kurzen Stab geschoben. Die Unterseite des Brettchens und das untere Stabende werden mit rauer Eichenrinde benagelt. Das ganze wird mit einem kurzen Strick an einer Stange aufgehängt, die in die

Erde gestoßen wird. Legt sich der Schwarm nicht an den Fänger, sondern an den Zweig daneben, so wird solange in die sich häufende Schwarmtraube mit dem Brettchen hineingestoßen, bis die Bienen sich daran sammeln. Oft gelingt es auch, namentlich wenn kurz zuvor ein Schwarm daran gehangen, die ausziehenden Bienen sofort an das Brettchen zu locken, wenn es mitten in den kreisenden Schwarmtumult gehalten wird. Zweckmäßigerweise hat man eine lange und eine kurze Stange je nach Bedarf vorrätig. Das Schwarmbrettchen wird so an der Stange befestigt, dass es leicht davon abgenommen werden kann. Ohne weitere Umstände trägt man die Bienen alsdann zu dem betreffenden Korb oder Kasten – ein Ruck und von dem Brettchen purzelt der ganze Schwarm in seinen Bestimmungsort hinein.

Die Wohnung, welche einem Schwarm gegeben wird, muss vorher gereinigt werden. Durch Katzen, Mäuse usw. verunreinigte Stöcke besetzte man nicht, weil die Schwärme aus ihnen häufig ausziehen und davonfliegen. – Ist ein Strohkorb zu besetzen, so kann man den Schwarm gleich vom Baum in den Korb einschlagen.*) - Bevor man einen Schwarm in einen Kasten bringt, hängt man mit Leitwachs beklebte Rähmchen in den Brutraum. Für einen Meister ist das Einbringen eines Schwarmes in eine Beute eine Kleinigkeit. Der Anfänger lasse sich ein Kästchen von dünnen Brettern einer leichten Holzart anfertigen, welches die Höhe des Brutraumes hat und das in den Innenraum des Brutraumes hineinpasst. Eine Seite lässt man offen, und die ihr gegenüberliegende ist mit einer beweglichen Tür geschlossen. Ist es tunlich, so schlägt man den Schwarm gleich in das Kästchen ein und stellt es zunächst mit der offenen Seite auf ein Brett, bis sich alle Bienen um die Königin gesammelt haben. Will man nun den Schwarm in die Beute bringen, so trägt man es zur Beutc, hebt es auf, dreht es ganz langsam, damit die Bienen nicht

*) Die Lüneburger schwefeln den Korb erst aus und reiben ihn mit Melissenkraut oder Holunderblättern ein.

Abb. 43 Schwarmfänger

herausfallen, um, setzt die untere Kante in die Höhe und schiebt es behutsam bis an die eingestellten Rähmchen in die Beute. Die Bienen, welche beim Umwenden des Kästchens auf den Boden fielen, laufen nun in die Beute und in den Bau. Nimmt man die Tür des Kästchens ab, so kann man die Bienen mit Rauch schnell in die Beute treiben. Endlich hängt man etwa noch fehlende Rähmchen ein, setzt ein Fenster ein und verschließt die Beute.

In honigarmen Gegenden bauen nur die Schwärme gleich im ersten Jahr den Brutraum aus und tragen die nötigen Wintervorräte ein, die schon zur Zeit der Volltracht volkreich sind. Um einen Schwarm, der in einen Korbstock geschlagen wurde, recht volkreich zu machen, stellen wir ihn an die Stelle seines Mutterstockes. Alle Bienen, welche am folgenden Tag aus dem Mutterstock kommen, fliegen dem Schwarm zu, so dass dieser bald volksstark dasteht. Den Mutterstock stellen wir an die Stelle eines anderen starken und schwarmfähigen Korbes, und dem starken Stock geben wir eine beliebige Stelle auf dem Stand. Dem abgeschwärmten Mutterstock fliegen nun die Bienen des starken Volkes zu, weshalb der Mutterstock nach neun bis zwölf Tagen einen mächtigen Schwarm mit junger Königin abstößt. Den Schwarm mit der jungen Königin stellen wir wieder auf den Platz seines Mutterstockes und diesem geben wir nun einen beliebigen bisher freien Platz auf dem Stand. – Schwärme, welche man in Beuten einschlug, verstärkt man durch Brutwaben.

3. Nachschwärme

Die Nachschwärme kündigen sich durch das Tüten und Quaken der jungen Königinnen an. Trieb ein Volk heute einen Nachschwarm aus, so schwärmt es gewöhnlich morgen nicht wieder, sondern erst, wenn die Witterung günstig ist, am dritten Tag; denn wenigstens einen vollen Tag hindurch hält sich die ausgeschlüpfte Königin frei unter dem Volk auf, bevor sie ausschwärmt. Der zweite, dritte usw. Nachschwarm hat gar nicht selten zwei, drei und noch mehr Königinnen bei sich, weil jetzt die in den Zellen sitzenden Königinnen bereits erstarkt und flugfähig sind; brechen nun während des Schwarmvorgangs mehrere aus ihren Wiegen, so schwärmen sie mit aus. Gibt endlich das Volk das Nachschwärmen auf, so werden die überzähligen Königinnen vertrieben und getötet.

In allen honigarmen Gegenden sind die vielen kleinen Nachschwärme der Ruin der Bienenzucht; denn die Mutterstöcke werden durch sie entvölkert und die kleinen Nachschwärme sind zu volksschwach, um einen vollständigen Bau aufführen zu können. Man vereinige daher mehrere Nachschwärme. Um das Nachschwärmen zu verhüten, verstelle man die Mutterstöcke. Hat das Volk eines Kastens geschwärmt, so zerstöre man am sechsten Tag nach dem Auszug des Vorschwarms die Weiselzellen bis auf e i n e; das Volk k a n n dann keinen Nachschwarm austreiben. Im Stock mit unbeweglichen Waben ist das Zerstören der überzähligen Weiselzellen etwas schwerer ausführbar. Sobald es im Stock tütet und quakt, nehme man den Korb, stelle ihn aufs Haupt, setze einen leeren Stock darauf, verbinde alle Ausgänge mit einem Tuch und klopfe nun etwa 12 Minuten hindurch am unteren Stock. Die bereits freie Königin läuft, durch das Klopfen beunruhigt, mit einem großen Teil des Volkes in die aufgesetzte leere Wohnung. Den Korb mit den abgetrommelten Bienen stelle man neben oder hinter den Mutterstock. Am anderen Morgen liegen a l l e überflüssigen Königinnen des Mutterstockes tot vor oder unter dem Stock, weil dem Volk infolge der starken Volksentziehung alle Schwarmlust genommen ist. Die abgetrommelten Bienen fliegen größtenteils dem Mutterstock zu; es bleibt nur ein winziges Völkchen bei der Königin zurück, das man, nachdem die Königin aus ihm entfernt ist, dem Mutterstock zurückgibt.

Ist der Imker noch in der Vermehrung der Zahl seiner Völker begriffen und stehen ihm bereits volk-, brut- und honigreiche Kastenvölker zur Verfügung, so sind auch die Nachschwärme wertvoll. Nachschwärme, welche nicht zu volksarm sind, bringt man in Beuten und gibt jedem Schwarm drei bis vier bedeckelte Brutwaben und wenigstens eine Honigwabe. Man kann Nachschwärme auch unter sich vereinigen. Will man den Nachschwarm seinem Mutterstock zurückgeben, so tut man es, nachdem der Mutterstock die überzähligen Königinnen beseitigt hat. Endlich kann man mit einem Nachschwarm einen Mutterstock beweiseln und verstärken, der durchs Schwärmen weisellos und volksarm geworden ist.

4. Erste Pflege der Schwärme

Triebmäßig arbeitet ein Schwarm zunächst auf Vermehrung der Arbeiter hin und baut darum in der ersten Zeit seines Bestehens nur Arbeiterzellen; erst nach drei bis vier Wochen, wenn noch Tracht ist, werden Drohnenzellen erbaut. Ein Schwarm mit diesjähriger Königin baut im ersten Jahr in der Regel nur Arbeiterzellen. Der Imker sorge darum, so viel in seiner Kraft steht, dafür, dass der Schwarm den Brutraum möglichst schnell ausbaut, damit er auf die ganze Zeit seines Bestehens ein von Drohnenwaben freies Brutlager hat. Am allerschärfsten baut der Schwarm in den ersten acht Tagen; darum darf er in dieser Zeit nie Mangel leiden. Spendet die Natur nicht reichlich Honig, so muss man fleißig und reichlich mit dünnflüssigem Honig füttern. Nichts ist empfehlenswerter, als Schwärme bei spärlicher Tracht zu füttern.

Ist günstige Witterung und gute Honig- und Pollentracht, so wache der Züchter darüber, dass die Waben in den Rähmchen regelrecht gebaut werden. Wird eine Wabe gebogen gebaut, so gebe man ihr die rechte Richtung. Bessert man Regelwidrigkeiten nicht gleich am Anfang aus, muss man später oft ganze Waben zertrümmern, wenn man die Rähmchen auseinander nimmt. Weil die Bienen die dem Flugloch nächsten Waben am schnellsten herunterbauen, so hängt man die Rähmchen, welche die größten Wabenstücke oder ganze Waben haben, zuletzt ein. In der vorn entstandenen Lücke bauen die Bienen besonders schnell vorwärts. Stellt man zwischen zwei ausgebaute Rähmchen ein solches mit bloßen Anfängen, so bauen dies die Bienen ebenfalls schnell aus, weil Lücken im Bau naturwidrig sind. – Um unter einen Korb sehen zu können, muss man ihn von einem Gehilfen senkrecht in die Höhe heben lassen; denn k i p p t man ihn in die Höhe, so biegen sich die jetzt noch herzförmigen Waben aus ihrer Lage und brechen ab.

Ganz besondere Aufmerksamkeit erfordern d i e Schwärme, welche eine junge noch unbegattete Königin haben. Man kennzeichne diese Stöcke durch Zweige usw. gleich am Schwarmtag, damit die Königinnen sicher ihre Fluglöcher treffen, wenn sie von Begattungsausflügen zurückkehren. Merkt man an der eintretenden Weiselunruhe, dass ein Schwarm die Königin verloren hat, so gibt man ihm sofort die fruchtbare Mutter eines Königinnenzuchtstöckchens; auch beruhigt sich ein Nachschwarm mit einer unbegatteten Königin. Im Notfall hält er sich auch eine bloße Weiselzelle, die bereits bedeckelt ist. Einem Nachschwarm, der die Königin verlor, eine Brutwabe zu geben, damit er sich eine Königin erbrüte, ist kein praktisches Verfahren, wenn man den Schwarm nicht reichlich mit Brutwaben verstärken kann.

F. Vermehrung der Stöcke durch Kunst

Da, wo die schwarmfaule deutsche Biene zu Hause ist, schwärmen die Völker nur selten, nie so viel, wie wir es wünschen. Um dennoch die Zahl der Völker jährlich etwas zu vergrößern, schreiten wir zur Vermehrung der Völker durch Kunst, d. i. zur gewaltsamen Teilung der Völker in junge Kolonien. Selbstverständlich darf die Teilung eines Volkes nur dann vorgenommen werden, wenn dasselbe t e i l u n g s f ä h i g ist, d. h. wenn es in solchem Zustand dasteht, dass es, ohne Schaden zu leiden, einen natürlichen Schwarm abgeben könnte. Durch Kunst kann man junge Völker einrichten, indem man 1. aus einem schwarmfähigen Stock die alte fruchtbare Königin mit dem größeren Teil der Arbeitsbienen heraustreibt und in eine leere Wohnung bringt, wo sie einen eigenen Haushalt begründen sollen; 2. man teilt Volk und Wachsgebäude eines Stockes in zwei Teile und 3. man nimmt einem Volk bloß die Königin, ein anderes Volk oder mehrere andere Völker geben die Bienen und noch andere das nötige Wachsgebäude zum Kunstschwarm her. Abtrommeln, Ablegen und Zusammenstoppeln sind die drei Hauptarten der Vermehrung durch Kunst.

1. Abtrommeln oder Abtreiben

Jagt man aus einem schwarmreifen Stock die alte fruchtbare Mutter mit etwa dem größeren Teil der Arbeitsbienen gewaltsam heraus und in einen leeren Stock hinein, damit sie darin einen eigenen neuen Haushalt gründen, so treibt oder trommelt man ab. Der abgetriebene Zuchtstock heißt nun Mutterstock und der durchs Abtreiben oder Abtrommeln erhaltene Schwarm ist der Triebling. Zum Abtreiben eignen sich vorzugsweise Strohständer, weshalb wir hier nur das Abtreiben dieser Stöcke beschreiben, obgleich auch Klotzbeuten usw. abgetrommelt werden können.

Das Verfahren beim Abtreiben ist sehr einfach. Liegt der abzutreibende Stock stark vor, so setzt man ihm eine Stunde vorher einen Untersatz unter, den man durch Klammern befestigt. Bläst man den vorliegenden Bienen einige Züge Rauch zu, so ziehen sie sich bald in den Untersatz hinein. Jetzt hebt man den Korb vom Standbrett ab, trägt ihn einige Schritte weiter und setzt ihn verkehrt, d.h. mit der Mündung nach oben auf einen leeren Untersatz, damit er fest steht. Auf den abzutreibenden Korb setzt man einen leeren, Mündung auf Mündung, verstopft die Fluglöcher beider Stöcke, bindet da, wo sie aufeinander stehen, ein Handtuch usw. um und befestigt sie aneinander durch eiserne Klammern. Durch Klopfen mit der flachen Hand an den besetzten Korb beunruhigt man die Bienen und diese laufen nun in den aufstehenden leeren Korb; endlich läuft auch die Königin in die Höhe. Legt man das Ohr an den aufgesetzten Korb, so kann man aus der Stärke des Brausens einen Schluss auf die Stärke des abgetriebenen Schwarmes machen. Nach etwa 10 Minuten ist man mit der Arbeit fertig. Gab man dem Mutterstock vor dem Abtreiben einen Untersatz, so zieht man die Klammern heraus, durch die man ihn an den besetzten Stock befestigte und hebt den aufgesetzten Korb mit dem Untersatz ab. Um nicht Bienen zu erdrücken, stellt man den abgehobenen Korb hohl auf ein recht reines Standbrett; auch der Mutterstock wird wieder auf sein Standbrett gestellt. Findet man nach 8 bis 10 Minuten Eier auf dem Standbrett des Trieblings, so befindet sich die Königin in ihm.

Vor dem Abtreiben wenden wir nicht Tabaksrauch an, weil er die Bienen mehr oder weniger betäubt und sie dann entweder nur spärlich oder gar nicht in die Höhe laufen. Vorteilhaft ist es, nachdem man den abzutreibenden Korb aufs Haupt gestellt hat, Rauch von faulem Holz in die Mitte des Baues zu treiben, bis die Bienen an den Seiten gleichsam in die Höhe quellen. Setzt man dann den leeren Korb recht schnell auf, so laufen die Bienen zahlreich in die Höhe. Kehrt man die auf dem Standbrett des Mutterstockes sitzenden Bienen in den leeren Korb, bevor man ihn aufsetzt, so brausen diese Bienen und locken gleichsam die unteren mit der Königin zu sich herauf. Mit dem Klopfen muss man unten anfangen und dort am längsten klopfen; denn klopft man bald unten, bald oben, bald in der Mitte, so treibt man die Königin bald da-, bald dorthin und vereitelt das ganze Unternehmen. Der leere Korb muss beständig festgehalten werden, sonst wird er durch das Klopfen zu sehr erschüttert und es werden dadurch die Bienen und die Königin stutzig. Hält man mit einer Hand fest, so kann man leider nur mit einer Hand klopfen;

der Anfänger bediene sich zum Festhalten eines Gehilfen. Merkt man nach den ersten fünf Minuten, dass die Bienen nicht in die Höhe brausen, so ziehe man den Spund aus dem Deckel des Mutterstockes, blase etwas Rauch von faulem Holz in den Stock und klopfe sofort wieder; jetzt machen sich die Bienen, ist es nicht zu kalt, sofort auf die Beine. Will man sich das Abtrommeln recht bequem machen, so stellt man den Mutterstock auf ein Tischchen, das in seiner Mitte einen kreisförmigen Ausschnitt hat, in den der Mutterstock hineinpasst. Mit bloßen Holzstäben darf man nicht klopfen, weil diese den Mutterstock so sehr erschüttern, dass sich die Waben in der Stockwand lösen.

Ein Triebling unterscheidet sich von einem Vorschwarm nur dadurch, dass die Bienen nicht wissen, was mit ihnen geschehen ist und daher nicht an jedem beliebigem Platz aufgestellt werden können, weil sie der alten Standstelle zufliegen, was die Bienen eines natürlichen Schwarmes nicht tun; denn da das Schwärmen eine Tat des Instinkts ist, so gewöhnen sich die Bienen des Schwarmes an jede beliebige Stelle, welche dem Schwarm in demselben Garten oder Bienenhaus angewiesen wird. Wir stellen den Triebling auf die volle Stelle des Mutterstockes und den Mutterstock auf den Platz eines schwarmreifen Volkes. Am nächsten Tag erhält der Triebling alle Trachtbienen, welche dem Mutterstock noch geblieben waren, und er steht nun in herrlicher Stärke da. Dem Mutterstock fliegen die Trachtbienen des versetzten schwarmfähigen Volkes zu, es werden Weiselzellen angesetzt, und am vierzehnten Tag kann man einen mächtigen Nachschwarm erwarten. Um ein nochmaliges Nachschwärmen zu hintertreiben, stellt man den Stock nach Abgabe des Nachschwarms sofort an einen bisher unbesetzten Platz; denn da nun die Trachtbienen ausfliegen und dem Nachschwarm zufliegen, der auf der gewöhnten Stelle steht, so wird der Mutterstock volksärmer und zerstört die überzähligen Weiselzellen. Man verfahre beim Abtrommeln mit der Aufstellung der Stöcke gerade so, wie beim Aufstellen der natürlichen Schwärme gelehrt wurde.

Bringt man den Triebling an einen Kasten, so muss man ihn dem Korb dadurch ähnlich zu machen suchen, dass man ein Stück eines alten Korbes vorstellt; denn kommen die Bienen am andern Tag vom Feld und finden an der Stelle des Strohkorbes eine farbige Beute, so stutzen sie, fliegen irre umher und kehren nur zu oft in Nachbarstöcke ein.

Manchen Unannehmlichkeiten geht der Anfänger aus dem Weg, wenn er den Triebling auf einen zweiten entfernten Stand schafft. Der Mutterstock erhält dann die volle alte Stelle. Will man das Nachschwärmen verhindern, so füge man dem Mutterstock am Tag nach dem Abtrommeln eine dem Auslaufen nahe Weiselzelle ein, die man einem Königinnenzuchtstöckchen entnimmt. Hat man über Weiselzellen nicht zu verfügen, so verhindert man das Nachschwärmen dadurch, dass man dem Stock, sobald es in ihm tute und quakt, für eine Nacht den größeren Teil seines Volkes durch Abtrommeln nimmt. Findet man am Morgen nach dem Abtrommeln tote Königinnen vor oder unter dem Mutterstock, so entfernt man die Königin aus den abgetrommelten Bienen und lässt das Volk auf den Mutterstock zurückfliegen.

Viele Imker geben dem Anfänger den Rat, dem Mutterstock die Hälfte seines früheren Platzes und die andere Hälfte dem Triebling zu geben. Oft ist aber zu einer solchen Aufstellung kein Platz vorhanden, und in der Regel wird der Triebling bei einer solchen Aufstellung zu schwach. In zehn Fällen erhält neunmal der Mutterstock die meisten Bienen; denn viele Bienen, die in den Triebling einfliegen, kommen wieder herausgelaufen und gehen auf den Mutterstock, weil dieser voller Waben, jener unten leer ist, was die Trachtbienen, die keine große Anhänglichkeit an die Königin zeigen, stutzig macht. Kleine winzige Nachschwärme bleiben aber bei einer solchen Aufstellung selten aus, und da beide Stöcke nahe aneinander stehen, so verirrt sich später die junge Königin des Mutterstockes gar nicht selten, wenn sie von einem Begattungsausflug heimkehrt.

Sind die Völker beim Stabilbaubetrieb schwarmfähig und tritt nun eine Regenperiode ein, dass die Vorschwärme nicht abziehen können, dann trommelt der Imker die Vorschwärme ab, um die alten Königinnen zu retten.

2. Das Ablegen

Das Ablegen besteht darin, dass man das Volk und das Wachsgebäude eines Stockes in zwei Teile teilt und beide Teile als Völker aufstellt. Der durchs Ablegen neu gebildete Stock heißt Ableger. Schon aus dem Begriff des Ablegens erhellt, dass es ein gar kühner Eingriff in den Haushalt des Biens ist und dass darum nur der Imker Ableger machen darf, der bereits mit dem Leben und Weben des Bienenvolks innigst vertraut ist.

Ganz ernstlich müssen wir den Anfängen vor dem zu frühen und dem zu vielen Ablegen warnen. Meist können die Anfänger die rechte Zeit des Ablegens nicht erwarten, machen die Ableger zu zeitig im Frühjahr, schwächen dadurch die Mutterstöcke und laden sich Qual-Ableger auf den Hals. Gleich den Trieblingen dürfen Ableger erst dann hergestellt werden, wenn die Mutterstöcke schwarmreif sind, d. h. wenn sie den Brutraum dicht ausgebaut haben und so strotzend voll Bienen sind, dass die der Tür nächste Wabe bis an die Tür mit Bienen dicht belagert ist. Durch zu vieles Ablegen werden die Standstöcke ebenfalls ruiniert. 50 % ist in Gegenden ohne Spätsommertracht das Höchste der Vermehrung.

Ableger können auf sehr verschiedene Art und Weise gemacht werden. Meister, die eine Normalzahl von Völkern bereits besitzen, wissen sich in allen Fällen zu helfen und können beim Ablegen Wege einschlagen, die der erste Anfänger noch nicht betreten darf. Die meiste Umsicht erfordert das Ablegen, wenn kein zweiter Stand zur Verfügung steht.

Besitzt der Anfänger nur ein Kastenvolk, so wäre es ein ganz verkehrter Rat, wollte man ihm sagen, er solle das Volk zum

Schwärmen zwingen; denn der Schwarm könnte erst kommen, wenn die Honigtracht vorüber ist. Im Herbst würden dann beide Stöcke honigarm sein: der Mutterstock, weil er vor dem Schwärmen nicht Raum zur Unterbringung reicher Honigvorräte erhalten durfte und der Schwarm, weil er keine Gelegenheit hatte, Honigvorräte einzusammeln. Der Anfänger muss, will er vermehren, zur Teilung des Volkes und Baues in zwei Völker schreiten. Die geeignetste Tageszeit zur Teilung ist eine der schönsten Tagesstunden, eine Stunde des schärfsten Fluges; denn man hat dann weniger zu befürchten, von den älteren Bienen belästigt zu werden. Die leere Beute, welche den Triebling aufnehmen soll, stellt man neben die Mutterbeute. Nachdem man die alte Beute behutsam geöffnet hat, bläst man einige Züge Rauch in den Stock und nimmt nun die vollen Rähmchen heraus und hängt sie auf den Wabenknecht. Das Rähmchen, auf welchem die Königin sitzt, hängt man mit allen daran sitzenden Bienen sofort in den unteren der leeren Beute; jetzt gibt man dem Ableger noch etwa vier Brutwaben und wenigstens eine volle Honigwabe, und endlich hängt man die ganze untere Hälfte des Brutraums mit Rähmchen aus, die mit Leitwachs beklebt sind. Die Bienen von d e n Waben, welche auf dem Wabenknecht hängen, kehrt man mit einer nassen Feder in die Ablegerbeute und hängt die bienenleeren Waben einstweilen wieder auf den Wabenbock. Die Waben, welche noch im Mutterstock stehen, werden jetzt ebenfalls herausgenommen, und die daran sitzenden Bienen kehrt man in die Ableger. Ist endlich die letzte Wabe abgekehrt, so hängt man alle Rähmchen vom Wabenknecht in derselben Ordnung und Reihenfolge, die sie vorher hatten, wieder in die Mutterbeute ein. Schließlich werden beide Stöcke geschlossen.

Der Ableger erhält eine beliebige geeignete Stelle auf dem Stand; der Mutterstock aber bleibt auf seiner alten Stelle unverrückt stehen. Alle Trachtbienen fliegen dem Mutterstock zu; der Ableger behält die jungen Bienen, welche den Flug noch nicht erlernt haben. Da einige Tage hindurch keine Bienen in den Ableger zurückkehren, so muss man ihm eine Wabe mit Wasser einstellen; doch schon nach 4 bis 5 Tagen fliegt der Ableger mäßig, beginnt mit dem Wabenbau und die Königin findet nun Platz, reichlich Eier abzusetzen. Am neunten oder zehnten Tag nach dem Ablegen nimmt man die Rähmchen des Mutterstockes nochmals heraus und zerstört die vorhandenen Weiselzellen bis auf e i n e, um Nachschwärme zu verhindern. In Gegenden mit Tracht aus Raps, Buchweizen und Heide darf man die Arbeit des Ablegermachens nur nach beendeter Tracht gegen Abend vornehmen.

Das Abkehren der Bienen von den Waben ist keine Hexerei; bedient man sich einer nassen Feder und hält die abzukehrende Wabe recht tief in die neue Beute hinein, so dass man die Bienen in der Beute abkehrt, so wird man wenig oder gar nicht von den Bienen belästigt. Die Mehrzahl der Bienen kann man schon auf die Weise von der Wabe entfernen, dass man das Rähmchen an der Oberkante mit beiden Händen fasst und in der Luft mehrmals mit kurzem scharfen Ruck nach unten stößt. Dasselbe erreicht man, wenn man mit der linken Hand das Rähmchen am Oberteil fest fasst und nun mit der rechten Faust einen kräftigen Schlag auf die linke Hand führt. Sollte der erste Anfänger dennoch nicht den Mut zu der Arbeit haben, so verteile er die Brut- und Honigwaben mit den darauf sitzenden Bienen gleichmäßig in beide Beuten und gebe jeder Beute die halbe alte Stelle. In kurzer Zeit wird nun das Volk einer Beute weiselunruhig werden. Jetzt gibt man der weisellosen Beute so ziemlich die alte Stelle und die beweiselte rückt man in den nächsten Tagen solange seitwärts, bis ihr nur noch etwa ein Drittel der heimkehrenden Bienen zufliegt. Kann man dem Triebling gleich von Hause aus einen möglichst vollständigen Bau geben, so ist es desto besser; der weisellosen Beute sollte es nie an leeren Waben fehlen, damit die Bienen Raum haben, Honig unterzubringen. Hat der erste Anfänger Gelegenheit, leere Waben zu kaufen, so tue er es ja.

Besitzt der Anfänger bereits eine größere Zahl volk- und honigreicher Beuten, so gebe man nach der Teilung dem Volk, welches die Königin erhielt, die volle alte Stelle, und die weisellose Beute stelle man an den Platz eines recht starken Volkes; das starke Volk aber bringe man auf einen beliebigen bisher unbesetzten Platz. Dann erhält der Ableger alle flugfähigen Bienen des Mutterstockes und steht bald als ein mächtiges Volk da. Der weisellose Teil wird durch die Bienen des versetzten starken Stockes bevölkert, speichert, wenn er hinlänglich leere Waben hat, große Honigvorräte auf, stößt auch, ist die Witterung günstig, am vierzehnten Tag einen mächtigen Nachschwarm aus. Noch an dem Tag, an dem der Nachschwarm erschien, zerstören wir, um weiteres Nachschwärmen zu verhindern, die überflüssigen Weiselzellen.

Schreiber dieses übt seit langen Jahren fast ausschließlich eine Art des Ablegens, die aus zwei Völkern drei macht. Nennen wir die beiden abzulegenden Völker A und B und das neue Volk C. Die Kasten A und B behalten ihren alten Platz. C kann beliebig aufgestellt werden. Aus dem Kasten A wird der gesamte Inhalt, Bau und Bienen, herausgenommen und in den neuen Kasten C gehängt. Aus B wird ebenfalls der ganze Bau genommen und auf den Wabenbock gehängt, der leere Raum wird mit ausgebauten leeren Waben oder mit Mittelwänden ausgestattet und nun werden alle Bienen von den besetzten Waben wieder in den Kasten zurückgesetzt. Die Königin muss dabei mit besonderer Vorsicht behandelt werden. Der Bau von B mit aller Brut kommt nun in den Kasten A. Nach A fliegen von C aus alle Flugbienen zurück. A und C haben auslaufende Brut und stehen bald wieder auf alter Höhe. B hat alle Bienen behalten, die Königin kann tüchtig Eier legen. A hat keine Königin, kann sich entweder eine junge nachziehen oder noch besser, sie erhält eine befruchtete aus einem Weiselzuchtstock. Durch diese Art des Ablegens wird die Vermehrung in bescheidenen Grenzen gehalten, kein Volk wird stark geschwächt, von allen ist bei einigermaßen guter Tracht noch eine Ernte zu erwarten.

3. Das Absammeln und Zusammenstoppeln junger Völker

Besitzt der Imker neben mehreren ausgebauten und gut bevölkerten Kastenvölkern mehrere Strohkörbe und hat er rechtzeitig vor der Schwarmzeit eine Weiselzucht angelegt, so kann er mit der Vermehrung seiner Völker rasch vorwärts schreiten, ohne die Standvölker zu schwächen. Wir lieben es, das Abtrommeln mit dem Ablegen zu verbinden und Bienen und Brutwaben zu den Ablegern aus den verschiedenen Stöcken zu sammeln, gleichsam zusammenzustoppeln. Die Königinnen und Weiselzellen zu den Ablegern liefern uns die Weiselzuchtstöckchen. Auf diese Weise kommen wir mit den jungen Völkern wie mit Dampf vorwärts und das Entnehmen einer Partie Bienen und einiger Bruttafeln schadet den Körben und Beuten nur wenig oder gar nicht, da die alten Stöcke die fruchtbaren Königinnen behalten, rasch wieder neue Waben bauen und Brut ansetzen. Auch leisten die künstlichen Mittelwände hierbei gute Dienste.

Man trommelt einen schwarmreifen Korb ab, sucht die Königin aus dem Triebling heraus und gibt sie dem Korb zurück. Nun nimmt man aus einem Weiselzuchtstock eine fruchtbare Mutter, sperrt sie in einen Weiselkäfig und bringt sie in den Korb unter die Bienen. Man kann den Kunstschwarm zwar sofort in eine Beute bringen, tut aber besser, wenn man ihn die Nacht über ohne Waben stehen lässt; denn die Bienen sammeln sich dann um die eingesperrte Mutter, da das Weiselhäuschen im Haupt des Stockes angesteckt ist, und befreunden sich in der Nacht mit ihr. Am anderen Morgen transportiert man den Schwarm auf den entfernten Stand und setzt ihn dort in eine Beute ein. Je mehr leere Waben er erhalten kann, desto besser; Brutwaben darf man, um das Ansetzen von Weiselzellen zu verhüten, dem Volk erst geben, nachdem die befreite Königin mit der Eiablage begonnen hat. Fiel der Triebling nicht stark genug aus, so trommelt man einen zweiten Korb ab, gibt die Königin ihrem Stock zurück und stößt die Bienen beider Trieblinge untereinander. An

Beißerei der Bienen ist nicht zu denken, da die Königin nicht frei unter ihnen ist. In der Regel entnehmen wir die Bienen zu einem jungen Stock zwei Völkern, weil dann kein Volk geschwächt wird. Weil jeder Korb die Königin zurückerhält, so kann man schon nach 8 bis 12 Tagen abermals Bienen zu einem Kunstschwarm abzapfen.

Ist das junge Volk aus Kasten zusammenzustoppeln, so hängen wir in den Nachmittagsstunden mit Anfängen beklebte Rähmchen in volkreiche Beuten ein. Stehen ausgebaute Rähmchen zur Verfügung, desto besser. Gegen Abend wird nun aus einem Königinnenzuchtstöckchen die fruchtbare Mutter genommen, auf einer leeren Wabe in ein Weiselhäuschen gesperrt und in die zu besetzende Beute eingehängt. Jetzt öffnet man die betreffenden volkreichen Beuten, nimmt die des Nachmittags eingehängten Waben heraus und hängt sie mit den daran sitzenden Bienen in die Ablegerbeute zur Königin; die an den Türen und Fenstern sitzenden Bienen streicht man mit einer nassen Feder ebenfalls dem Ableger zu. Damit nicht Beißerei entstehe, blase man mitunter einige Züge Rauch unter die abgekehrten Bienen. Ist der Ableger noch nicht stark genug, so nimmt man Waben heraus, streicht die daran sitzenden Bienen in den Ableger und hängt die Waben in die Mutterbeute zurück. Nur muss man sich hüten, eine Königin mit abzukehren. Vorliegende Bienen können ebenfalls zu solchen Ablegern benutzt werden. Auf diese Art und Weise kann man Riesenableger herstellen, ohne den alten Völkern nur irgendeinen erheblichen Schaden zuzufügen. Auch dieser Ableger wird auf den entfernten Stand geschafft. Da das Volk keine Brut hat, so können Weiselzellen nicht angesetzt werden, und die Königin darf man meist am zweiten oder dritten Tag befreien. Nachdem die befreite Königin die Eierlage angetreten hat, kann man das Volk noch durch Brutwaben verstärken.

Mit jungen, noch unbegatteten Königinnen solche zusammengestoppelte Ableger herzustellen, würde höchst selten glücken;

denn weil die Bienen eine fruchtbare Königin hatten, so würden sie eine unfruchtbare abstechen oder doch arg verstümmeln. Nur Bienen, welche ebenfalls eine unfruchtbare Mutter haben, nehmen eine andere noch unfruchtbare Mutter an. Steht daher keine fruchtbare Mutter zur Verfügung, so kann man auch Ableger mit Weiselzellen, so genannte Zellenableger machen.

Eine Weiselzelle, die zu einem Ableger benutzt werden soll, darf nicht über neun Tage alt sein; denn etwa drei Tage brauchen die Bienen, um den Verlust ihrer fruchtbaren Mutter zu verschmerzen. Liefe daher die Königin des Zellenablegers schon 24 Stunden nach Herstellung des Ablegers aus, würde sie in den allermeisten Fällen ein Kind des Todes sein.

Die zu verwendende Weiselzelle schneidet man am Tag vor Herstellung des jungen Volkes aus, füge sie einer Wabe ein und gebe sie dem Volk, das sie ansetzte, zurück; hier wird die Weiselzelle sofort fest angebaut. Bereits in der Wabe angebaute Weiselzellen werden von den Bienen eines Zellenablegers nur selten zerstört. Nun setzt man in eine leere Beute zunächst eine leere Wabe, dann eine Brutwabe, dann die Wabe mit der Weiselzelle, und endlich folgen noch einige Brutwaben nebst einer Honigwabe mit einigen leeren Waben. Zuletzt kehrt man eine hinreichende Menge Bienen in die Beute. Nachdem das Flugloch mit Drahtgaze verschlossen ist, transportiert man die Beute auf den entfernten Stand, stellt sie aber isoliert auf, damit sich nicht Bienen auf die Nachbarstöcke schlagen können.

Ableger mit bloßen Brutwaben (Brutableger) in honigarmen Gegenden noch in der Schwarmzeit zu machen, ist nicht ratsam; denn ein solcher Brutableger würde junge Arbeiter erst am Ende der Tracht aussenden können. Will man dennoch einen Brutableger einrichten, so verfahre man also. In eine leere Beute hängt man etwa 16-20 Brutwaben. Die Waben entnimmt man den volksstärksten Beuten und lässt alle Bienen daran sitzen. Man achte aber darauf, dass keine Königin unter das zusammengestoppelte Volk kommt. Damit die Bienen des Ablegers nicht zu ihren Völkern zurückfliegen können, transportiert man ihn auf den entfernten Stand. Täglich wird die Volksmasse des Ablegers größer, und solche Kolossableger speichern in der Zeit der Weisellosigkeit reiche Honigvorräte auf. Hatte der Ableger gute Tracht, so kann man ihn sogar schwärmen lassen; er stößt einen riesigen Schwarm aus. Besser tut man jedoch, wenn man am neunten oder zehnten Tag die überzähligen Weiselzellen zerstört, ihn also nicht schwärmen lässt.

Es ist selbstverständlich, dass junge Völker noch auf sehr vielfältige Weise zusammengestoppelt werden können. Wir haben nur auf den Anfänger Rücksicht genommen und haben ihn in den Stand gesetzt, die Zahl seiner Völker durch Kunstschwärme zu vermehren.

4. Pflege der Trieblinge und Ableger

Bevor ein freiwilliger Schwarm auszieht, fallen die Bienen über den Honig her und füllen die Honigblase. Beunruhigt man ein Volk, so nehmen die Bienen zwar auch Honig zu sich, nie aber kommt der Triebling mit reichlichen Honigvorräten in die neue Wohnung. Der Triebling verhungert darum auch in trachtloser Zeit früher als ein freiwilliger Schwarm. Reicht man den Trieblingen, wenn eben nicht gute Honigtracht ist, dünnflüssigen Honig, so befördert man außerordentlich den Wabenbau und Brutansatz.

Trieblinge und Ableger, die nicht stark genug hergestellt wurden oder durch irgendeinen Zu- oder Unfall einen großen Teil der Arbeitsbienen verloren, müssen rechtzeitig verstärkt werden. Körbe verstärke man durch Bienen von dem zweiten Stand oder durchs Verstellen mit volkreichen Stöcken. Fürs Verstärken aber merke man sich, dass sich nur gleichartige Bienen untereinander vertragen, d. h. es vertragen sich miteinander die Bienen, welche fruchtbare Königinnen haben, ferner Bienen, welche aus Völkern stammen, die unbegattete Königinnen besitzen. Dagegen vereinigen sich nicht friedlich verschiedenartige Bienen: Vor- und Nachschwarmbienen, Bienen mit fruchtbarer und solche mit unbegatteter Königin, auch vertragen sich schwärmende Bienen höchst selten mit nicht schwärmenden usw. Aus Vorsicht beräuchere man die Bienen, während man sie vereinigt, besprenge man sie mit Honig, stoße sie in einem Korb durcheinander usw. Kastenvölker verstärkt man in der Regel mit Brutwaben ohne Bienen. Das ist nicht bloß die leichteste, sondern auch die sicherste Art und Weise der Verstärkung; nur muss sie rechtzeitig geschehen, damit die jungen ausgeschlüpften Bienen Ende Juni und im Juli bis in den Herbst hinein noch reichlich Honig eintragen können.

Um recht viel Waben und Arbeiterzellen zu erhalten, sorgt man dafür, dass die Trieblinge in den ersten 8 bis 14 Tagen ihres Bestehens recht viel bauen. In Stöcken mit Mobilbau befördert man den Bau dadurch, dass man zwischen ausgebaute Rähmchen solche mit bloßen Anfängen hängt. Zellen- und Brutableger bauen, solange sie keine flügge Königin haben, meist nur Drohnenzellen, weshalb man diesen Völkern Mittelwände gibt und sie erst bauen lässt, wenn die Königin ausgeschlüpft ist; von da an bauen sie im ersten Jahr nur Arbeiterzellen.

Ganz sorgfältig beachte man d i e Ableger, welche Weiselzellen oder unfruchtbare Königinnen haben. Wird eine eingefügte Weiselzelle zerstört, so setze man eine andere dafür ein. Ist die Königin ausgeschlüpft, so untersuche man den Stock, um zu sehen, ob sie flügelrecht, gesund an den Füßen usw. ist. Jeder Krüppel wird sofort entfernt und durch eine fruchtbare Mutter aus einem Königinnenzuchtstock ersetzt. Geht eine Königin auf einem Brautausflug verloren, so helfe man dem Volk sofort dadurch, dass man ihm eine fruchtbare Königin zusetzt; auch nimmt ein solches Volk eine ebenfalls noch unbegattete Königin an; man darf aber nur eine solche zusetzen, die noch keinen Brautausflug gehalten hat; denn eine bereits ausgeflogene würde bei einem abermaligen Ausflug in ihren früheren Stock zurückkehren. Steht nicht einmal eine unbegattete Königin zur Verfügung, so muss man dem weisellos gewordenen Ableger eine Weiselzelle oder doch wenigstens eine Wabe mit jungen Larven geben. Muss sich der weisellos gewordene Ableger erst selbst eine Königin erbrüten, bleibt er in der Entwicklung sehr zurück.

G. Die Zeit der Sommer- und Herbsttracht

1. Wanderung auf Sommertracht

Hat an einem Ort mit dem Rauschen der Sense die Honigtracht das Ende erreicht, so hat doch vielleicht die Natur den Bienen an einem anderen nahen Ort den Tisch reichlich gedeckt. Buchweizen blüht zu Anfang des Julis. In dieser Zeit blüht auch die Linde; die kleinblättrige Linde blüht nach den großblättrigen Arten. An manchen Orten wird auch Sommerraps usw. gebaut. Man scheue Mühe und Kosten nicht, mit den Bienen in trachtreiche Gegenden zu wandern.

Auf Sommerweide wandert man vorzugsweise mit Schwärmen, Trieblingen und Ablegern. Beuten, welche alten Bau haben, können meilenweit gefahren werden. Junge Stöcke, deren Waben in Rähmchen stehen, können sofort nach ihrer Einrichtung fortgeschafft werden. Auch abgeschwärmte und abgetriebene Stöcke können auf die Weide gefahren werden. Schwere Honigstöcke mit unbeweglichen Waben nimmt man nur dann mit auf die Weide, wenn man ihnen vorher den überflüssigen Honig in Aufsätzen entnehmen kann. Schwärme und Trieblinge, welche ihre Rähmchen noch nicht ausgebaut haben, dürfen nicht auf einen Wagen geladen werden; will man sie dennoch auf die Weide schaffen, muss man sie, nachdem ihre Waben durch Holzspeisen gestützt wurden, von zwei Männern auf einer Trage oder zwischen zwei Stangen schwebend tragen lassen.

2. Rechtzeitige Beschränkung der Arbeiterbrut und des Wabenbaues

In Gegenden ohne Herbsttracht können die Bienen nichts Erhebliches mehr eintragen, zu denen die Eier erst Ende Juni gelegt werden; denn sie kommen vom Augenblick des gelegten Eies an gerechnet, erst in etwa 30 bis 36 Tagen dahin, nach Tracht auszufliegen. Bei warmfeuchter Witterung brüten aber die Bienen gerade im Juni und Juli recht stark; von selbst beschränken sie die Brut erst im August, wenn alle Honigtracht zu Ende ist. Lässt man daher die Völker im Juli willkürlich brüten, so verwenden sie die oft geringen Honigvorräte auf Erbrütung junger Bienen und sind dann im Herbst wohl bienenreich, aber honigarm. Der vorsorgliche Imker tut daher in honigarmen Jahren einem übermäßigen Brutansatz rechtzeitig Einhalt. Ebenso verkehrt ist es, die Bienen nach Belieben bauen zu lassen und sie gar noch durch Untersätze zum Bauen zu veranlassen und zu reizen. Lernen wir daher die Vorkehrungen kennen, welche der Imker treffen muss, um die Bienen zu hindern, für das laufende Jahr nicht **nutzlos** zu brüten und zu bauen.

Einem Korbstock von normaler Größe gebe man im Juli nie einen Untersatz. Im Juni und Juli lasse man nur in den Honigaufsätzen und im abgesonderten Honigraum bauen; denn hier bauen die Bienen spärlicher als in einem Untersatz oder Brutraum; auch kommt in diese Räume die Königin nicht, um die erbauten Zellen mit Eiern zu bestiften.

Dennoch kann es angebracht sein, wenn im August die Eierlage freiwillig der mangelnden Tracht wegen eingestellt wird, die Völker triebweise zu füttern. Man reicht den Völkern des Abends kleine Mengen Futter. Die Königin tritt wieder in die Eierlage. Auf diese Weise bekommen die Stöcke recht viele junge Bienen mit in den Winter, die im Frühjahr von großem Nutzen sind.

Königinnen, welche bereits drei volle Sommer hindurch Eier absetzten, entferne man Ende Juni aus ihren Völkern, damit junge, lebenskräftige erbrütet werden. Damit ist allem Brutansatz sofort ein Ende gemacht. Einen Korb trommelt man ab, sucht die Königin, sperrt sie ein oder tötet sie und lässt die Bienen zurückfliegen; am zweiten oder dritten Tag gibt man dem Korb dann eine Weiselzelle, welche der Reife nahe ist. Entweiselten Beuten zerstört man 8 oder 9 Tage später die überflüssigen Weiselzellen, um das Schwärmen zu hintertreiben. Selbstverständlich ist, dass man junge Völker, welche noch in der Volksvermehrung begriffen sind, nicht entweiselt.

Weil die Drohnen nur da sind, junge Königinnen zu begatten, sonst aber „faule Bäuche und arge Schlemmer" sind, so verhindert der einsichtige Züchter nach Möglichkeit den Drohnenbrutansatz. Man lasse darum alte Völker nie im Brutraum bauen. Hat ein altes Volk eine Wabe mit Drohnenbrut, so schneide man, ist es ohne Beschädigung von Arbeiterbrut möglich, die Drohnenbrut aus und stelle dafür eine Wabe mit Arbeiterzellen ein. Ist das Ausschneiden der Drohnenbrut nicht tunlich, so köpfe man sie, d. h. schneidet mit einem dünnen scharfen Messer die Deckel nebst den Köpfen der Drohnennymphen ab. Ist bereits eine große Zahl Drohnen ausgelaufen, so fange man sie mit der Drohnenfalle weg. Am zweckmäßigsten ist die Drohnenfalle, in welcher die Drohnen gefangen bleiben; die Arbeitsbienen müssen aber, ist die Falle angebracht, aus- und eingehen können. In der Zeit, in welcher die junge Königin eines Stockes Begattungsausflüge hält, darf die Falle bei ihm nicht angebracht werden, weil die Königin leicht eingefangen werden könnte. Jedenfalls ist die Drohnenfalle ein Marterwerkzeug. Man vermeide daher deren Anwendung, wenn irgend möglich und schränke lieber die Drohnenerzeugung im Volk auf das geringste Maß ein.

3. Weisellosigkeit und Weiseluntauglichkeit im Sommer

In der Schwarmzeit werden Völker häufig weisellos. Der Imker beobachte darum die Stöcke sorgfältig, und kommt ihm ein Stock verdächtig vor, so untersuche er ihn sofort. Setzt man dem weisellosen Volk ein Stück Brutwabe mit drei oder vier Tage alten Arbeiterlarven ein, so erbaut es sofort Weiselzellen, um eine junge Königin zu erbrüten. Schneller kommt das Volk zu einer Königin, wenn man ihm eine Weiselzelle einfügt, deren Nymphe der Reife nahe ist. Steht ein Nachschwarm zu Gebote, so vereinigt man ihn des Abends mit dem weisellosen Volk. Aber das Erbrüten einer jungen Königin kann missglücken, die jungfräuliche Königin kann auf einem Ausflug verloren gehen, weshalb es sicherer ist, dem weisellosen Volk eine bereits fruchtbare Mutter aus einem Königinnenzuchtstock zu geben. Das Brutgeschäft wird dann sofort wieder in Angriff genommen und der Stock wird bald wieder volkreich. – Erkennt man die Weisellosigkeit erst daran, dass das Volk die Drohnen noch duldet, wenn die anderen Völker sie bereits vertrieben haben, so vereinige man mit dem Volk ein Königinnenzuchtvölkchen, das eine fruchtbare Mutter hat.

Von Geburt aus flügellahme Königinnen werden, weil sie Begattungsausflüge nicht halten können, in der Regel drohneneierlegend. Königinnen mit missgebildeten Begattungsorganen legen entweder nur Drohneneier oder bleiben ganz unfruchtbar. Völker mit untauglichen Königinnen treiben die Drohnen ab, wie es normale Völker tun. Ein Volk, dessen Königin Drohneneier legt, treibt zwar auch die Drohnen ab, weil aber immer wieder junge erbrütet werden, so bemerkt man bei ihm noch Drohnen nach der Drohnenschlacht. Verdächtige Körbe stelle man aufs Haupt und treibe die Bienen mit Rauch aus ihrem Sitz; erblickt man Drohnenbrut in Arbeiterzellen (Buckelbrut), so ist jetzt eine drohneneierlegende Königin im Volk. Bemerkt man gar keine Brut, kann man auch sonst nicht Klarheit über den Zustand des Volkes bekommen, so gebe man ihm Brut, welche im Auslaufen begriffen ist und einige Tage später ein Stück Wabe mit Arbeiterlarven; werden nun weder Weiselzellen noch Näpfchen erbaut, so ist mit ziemlicher Sicherheit anzunehmen, dass eine ganz unfruchtbare Königin vorhanden ist.

Bevor man einen weiselunrichtigen Stock heilen kann, muss die untaugliche Königin entfernt werden. Steckt sie in einem Korb, so versucht man, sie mit ihren Bienen in einen leeren Korb zu trommeln. Gelingt das Austrommeln nicht, so räuchere man das Volk aus. Man setzt den Stock in natürlicher Stellung auf das beim Abtreiben benutzte Tischchen und zwar mit der Mündung über den runden Ausschnitt, zieht den Spund aus dem Deckel oder bricht den Deckel ab und treibt nun von unten Rauch in den Bau. Ein großer Teil der Bienen fliegt dabei ab, ein anderer Teil kommt zur Spundöffnung heraus und setzt sich am Korb fest. In der Regel kommt auch die Königin und setzt sich außen unter die Bienen. Sollte sie dennoch im Korb geblieben sein, so schwefelt man die Königin mit den wenigen Bienen, welche zurückblieben, der Sicherheit wegen ab. Schneller kommt man zum Ziel, wenn man die Bienen betäubt. Findet man die Königin nicht unter den betäubten Bienen, so nehme man die Zuflucht zum Schwefel. Ist die untaugliche Königin endlich entfernt, so gibt man dem Volk eine fruchtbare aus einem Königinnenzuchtstöckchen. Noch besser tut man, wenn man dem Volk, nachdem es sich seiner Weisellosigkeit bewusst geworden ist, ein Weiselzuchtvölkchen nebst Königin zugibt.

Ist ein Kastenvolk der Weiseluntauglichkeit verdächtig, so nimmt man alle Waben heraus und besichtigt jede einzelne Wabe. Die untaugliche Königin wird entfernt und die etwa vorhandene Drohnenbrut geköpft. Ist Weiselunruhe eingetreten, so setzt man dem Volk eine fruchtbare Mutter zu.

4. Abnehmen der Honigaufsätze und das Leeren der Honigräume

Mit der Getreideernte geht in honigarmen Gegenden die Honigtracht zu Ende. Von jetzt an sammeln die Bienen günstigenfalls nur noch so viel ein, als sie zur Fortführung ihres Haushaltes brauchen. Bemerkt man, dass der Honig aus den der Tür zugekehrten Zellen der letzten Wabe verschwindet, so hat jede nur irgend erhebliche Tracht aufgehört. Körbe stellt man auf die Waage; wird ein Korb bei schönem Wetter täglich leichter, so greifen die Bienen bereits die Vorräte an, weil alle Tracht ein Ende hat.

Jetzt muss man den Honig der Aufsätze, der Körbe und der Honigräume ernten, sonst tragen ihn die Bienen in den Brutraum. Die Honigaufsätze hebt man an einem schönen warmen Nachmittag ab, stellt sie in einiger Entfernung vom Stand aufs Haupt und räuchert die Bienen aus. Am wirksamsten ist der Rauch von ⅔ Faulholz und von ⅓ getrockneten Wermutblättern. Sitzen nur noch einzelne Bienen zwischen den Waben, so trägt man die Aufsätze in ein Zimmer und öffnet die Fenster, damit die Bienen ihren Stöcken zufliegen können. Sieht man in einem Aufsatz Brut, so liegt der Verdacht nahe, dass die Königin in ihm sitzt. Man betäube die Bienen, um die Königin herauszubekommen und sie ihrem Volk zurückzugeben. – Hat der Aufsatz bewegliche Waben, so nimmt man jede Wabe einzeln heraus und kehrt die Bienen sofort ihrem Stock zu. Brutwaben, welche man in einem Kästchen findet, hängt man den Kastenvölkern ein. – Die Honigräume der Kasten räumt man bis auf die letzte Wabe aus.

Im Zimmer ordnet man die Honigwaben nach ihrer Güte und hängt sie auf ein Gestell oder in leere Beuten. Die unbeweglichen Waben der Aufsätze werden ausgebrochen. Am schönsten erhält man den Honig, wenn man ihn ausschleudert oder auf kaltem Weg auslässt. Die Honigwaben in Rähmchen werden so lange aufbewahrt, bis alle Völker nachgesehen sind.

5. Wanderung aufs Heidekraut

Mitte August tritt das Heidekraut (Calluna vulgaris) in Blüte und erst Mitte September hat die Tracht von ihm ein Ende. Hat man Gelegenheit dazu, so wandere man mit den Völkern in den ersten acht Tagen des Augusts in die Heide.

Drei bis vier Tage Volltracht vom Heidekraut genügen einem starken Volk, einen reichlichen Wintervorrat einzutragen. Aber neben vielem Volk muss der Stock auch einen vollständigen Bau haben; denn bevor Zellen gebaut werden, sind in der Regel die besten Honigtage vorüber.

Honigschwere Korbstöcke, denen man den größeren Teil des Honigs nicht in Aufsätzen entnehmen kann, lässt man zu Hause. In der Heide werden die Honigaufsätze wieder aufgelegt und mit leeren Waben vollständig ausgestattet. – Volle Honigwaben nimmt man auch aus den Bruträumen der Beuten und hängt leere dafür ein. Die Honigwaben bewahrt man sorgfältig auf, um sie wieder zurückgeben zu können, im Fall die Heidetracht fehlschlüge.

Volksschwache Stöcke, welche einen vollständigen Bau haben, verstärkt man durch Bienen, welche man den stärksten Völkern nimmt, die man zu Hause lässt. Zwei oder drei Völker in Kasten, welche nicht ein vollständiges Wachsgebäude haben, hängt man zu e i n e m Volk zusammen.

Durch eine einmal fehlgeschlagene Tracht lasse man sich nicht zurückschrecken, sondern wandere jährlich in die Heide.

H. Die Ein- und Überwinterung der Bienen

1. Auswahl der Standstöcke

Gleich von vornherein stelle der Anfänger fest, welche Zahl von Völkern er zu halten gedenkt; ist die Normalzahl erreicht, so vermehrt man nicht weiter, sondern erntet nur Honig. Weil man aber nur selten so glücklich ist, alle Völker gleich durchzuwintern, so muss man, ist auch die Normalzahl bereits erreicht, jährlich eine verhältnismäßige Zahl von Völkern als Reservevölker einwintern. Den Abgang von Völkern durch Verkauf usw. ersetzt man durch Nachzucht.

Hat die letzte Tracht des Jahres ein völliges Ende, sind die Aufsätze abgenommen und die Honigräume der Beuten geleert, so werden alle Stöcke einer Nachschau unterworfen. Bei den Völkern, welche eingewintert werden sollen, sind vier Hauptpunkte ins Auge zu fassen.

Vom November bis zum ersten Reinigungsausflug (März) verzehrt ein Volk etwa 10 Pfund Honig; März und April hindurch bis zur ersten erheblichen Tracht werden noch etwa 10 bis 15 Pfund verbraucht. Man sollte darum kein Volk unter 20 bis 25 Pfund Honig einwintern. So viel Honig hat ein Korbstock, wenn sein inneres Gut etwa 30 Pfund wiegt. Wiegt man die Körbe, bevor man sie besetzt, und bucht das Gewicht, so kann man das innere Gut ziemlich genau bestimmen, wenn man die Körbe auf die Waage stellt. Aus Kasten nimmt man die Waben aus dem Brutraum heraus, um den Honigreichtum kennen zu lernen. Wiegt man ein Honigrähmchen, so kann man das Gewicht der anderen danach schätzen. Kasten wintern wir in der Regel nur mit 15 bis 16 Pfund Honig ein und ergänzen im Frühjahr, wenn der Brutansatz stärker betrieben wird, mit ganzen Honigwaben. Viel Pollen haben die Völker aufgespeichert, welche schwärmten oder aus irgendeinem Grund in der Trachtzeit brutlos waren. Pollenreiche Völker eignen sich besonders zur Überwinterung, weil sie im Frühjahr reichlich Brut ansetzen.

Der Volkszahl nach ist der Stock überwinterungsfähig, der Ende August an kühlen Tagen den vollständigen Bau einer normalen Wohnung oder den Brutraum einer Kastenwohnung ganz belagert.

Königinnen, die bereits drei volle Sommer hindurch Eier legten, nehmen wir nicht mit in den Winter, weil sie in der Regel im vierten Jahr sterben oder von den eigenen Bienen beseitigt werden. Junge Königinnen, die sich nicht recht fruchtbar zeigten, nicht Zelle an Zelle mit Eiern besetzten, werden ebenfalls beseitigt. Da die Königinnenzuchtstöckchen jetzt eingehen können, so stehen junge Königinnen zur Verfügung. Um die alte Königin eines Korbes zu beseitigen, trommelt man das Volk Ende August aus, entfernt die alte Königin und setzt die junge eingesperrt zu. Ist Witterung, die den Bienen Ausflüge gestattet, so stellt man den leeren Korb mit den abgetrommelten Bienen auf die alte gewöhnte Stelle und bringt den ausgetrommelten Korb in den Keller. Am Abend des zweiten Tages befreit man die eingesperrte Königin und findet man sie am anderen Morgen munter unter den Bienen, schlägt man das ganze Volk wieder in seine alte Wohnung ein. Besser ist, wenn man ältere Königinnen schon zur Schwarmzeit entfernt. Kastenvölkern setzt man Königinnen auf gewöhnlichem Wege zu.

Menge, Beschaffenheit und Art des Baues sind bei der Nachschau ebenfalls in Betracht zu ziehen. Um im Winter warm sitzen zu können, muss das Volk den Raum, in dem es überwintert werden soll, vollständig mit Waben ausgestattet haben. Junger Bau, in dem noch nicht gebrütet wurde, hält sich kühl und eignet sich darum nicht fürs Winterlager der Bienen. Vorzugsweise sehe man darauf, dass nicht Waben mit Drohnenzellen in den Brutraum kommen, weil sonst schon frühzeitig große Massen von Drohnen erbrütet werden. Die Stabilbauimker stellen am liebsten Nachschwärme als Standstöcke auf. Diese haben eine junge Königin und wenig Pollen in den Zellen. Man wählt im Herbst diejenigen Stöcke aus, die sich durch Honigreichtum und Volksreichtum ausgezeichnet haben.

2. Notfütterung im Herbst

Anfänger, welche die Normalzahl von Völkern noch nicht besitzen, müssen Völker, die gesunde Königinnen haben, sonst volk- und baureich sind, aber ihren Winterbedarf nicht eintrugen, im Herbst rechtzeitig füttern. Die Fütterung im Spätsommer und Herbst hat also den Zweck, den Bienen den nötigen Bedarf an Honig für den Winter zu reichen und viele junge Bienen mit in den Winter zu bekommen.

Das naturgemäßeste Futter im Herbst sind bedeckelte Honigwaben. Sollen Körbe mit Honigwaben ausgestattet werden, so bricht man den Deckel ab, schneidet oben leeren Bau aus, stellt die Honigwaben ordnungsmäßig ein und legt den Deckel wieder auf. Wenn man einen Ring aufsetzt, so muss man diesen vollständig mit Waben ausstatten, bevor man den Deckel auflegt. Hat der Korb keinen abnehmbaren Deckel, so trennt man die oberen Strohringe ab, setzt einen geeigneten dickwandigen Aufsatz auf, in den man die Honigwaben einstellt. Damit die Bienen auch im Winter bei großer Kälte zu dem Honig in den Aufsatz gelangen können, muss man dafür sorgen, dass die eingestellten Honigwaben den Bau des Korbes unmittelbar berühren; denn bleibt eine Lücke, kann es vorkommen, dass die Bienen im Winter unter dem Honig verhungern, weil sie der Kälte wegen die Lücke nicht überschreiten können. Die Wanderimker benutzen durchweg Körbe ohne Spund. In honigarmen Jahren reichen sie den Völkern daher Kristallzucker. Ein starkes Volk kann in einer Nacht 10 Pfund auftragen. Wer Honig zur Aufmästung verwenden will, darf aber nur von dem letztjährigen nehmen. Mehrjähriger reizt zur Eierlage und die Folge ist, dass die jungen Bienen nach dem Auslaufen aus den Zellen selten einen Reinigungsausflug machen können und die Ruhr bekommen. Die Anfütterung mit Kristallzucker ist ohne Gefahr. Selbstverständlich sind große Mengen, wenn es möglich ist 10 Pfund, auf einmal zu reichen. Honigarmen Kastenvölkern hängt man bedeckelte Honigwaben ein, welche man aus Aufsätzen gewann oder die honigreiche Beuten lieferten.

Hat der Anfänger nicht Honigwaben, so muss er flüssigen Honig füttern. Bereits verzuckerten Honig verdünnt man mit Wasser; man gießt in einen Liter Honig höchstens ⅛ Liter Wasser. Damit die Bienen den Honig noch bedeckeln können, füttert man schon Ende August. Um Räuberei zu verhüten, reiche man das Futter nur des Abends.

Als Ersatzmittel des Honigs wird jetzt Kristallzucker genommen. Stärkesirup, Malzsirup, Traubenzucker, Rohzucker usw. dürfen als Winterfutter nicht gereicht werden.

3. Vereinigung und Verstärkung im Herbst

Ist im Herbst ein weiselloses Volk auf dem Stand, so wird es beseitigt. Den Bau eines Korbes bricht man aus; die Bienen kehrt man in den leeren Korb und teilt sie dem nächsten Nachbarstock zu. Will man den Bau des Korbes erhalten, um im nächsten Jahr einen Schwarm oder Triebling hineinzuschlagen, so stellt man den Korb des Abends aufs Haupt und den Nachbarstock, Mündung auf Mündung, darauf. Die weisellosen Bienen ziehen sich dann zu dem weiselrichtigen Volk im aufgesetzten Korb. Man kann das weisellose Volk auch durch ein Betäubungsmittel fallen lassen, es mit Honig besprengen und dem nächsten Stock zuteilen. Ist das Volk einer Beute weisellos, so nimmt man die Waben heraus und bringt die Bienen in den Honigraum des nächsten Stockes.

Ein Volk mit unfruchtbarer und drohnenbrütiger Königin betäubt man und nimmt die Königin heraus; die Bienen teilt man dem Nachbarstock zu. Großen Wert haben diese Bienen jedoch nicht, da sie meist schon zu alt sind und während des Winters eingehen. Der Schwefellappen ist für sie in der Regel das Beste.

Honigarme Völker werden, will man sie nicht durchfüttern, ebenfalls beseitigt, um andere Stöcke mit Bienen zu verstärken. Sitzt das honigarme Volk in einem Korb, so bricht man den Deckel los, treibt das Volk mit Rauch aus, sucht die Königin heraus und vereinigt die Bienen mit dem nächsten Stock. Der Honig des beseitigten Stockes wird von oben her herausgeschnitten. Hat der Korb keinen abnehmbaren Deckel, so trommelt man die Bienen heraus. Gelingt das Austrommeln nicht, so muss man das Volk betäuben, um die Königin herauszubekommen.

Ein Korb, welcher von seinem Volk nicht hinlänglich vollgebaut wurde, wird ebenfalls beseitigt.

Hat der Imker die Normalzahl von Völkern aufgestellt und sind noch überzählige Völker vorhanden, so werden die honigreichsten Stöcke beseitigt. Man trommelt das Volk zunächst ab, entfernt die Königin und gibt die Bienen zurück. Am einundzwanzigsten Tag nach dem Abtrommeln ist alle Brut ausgelaufen, jetzt gelingt das abermalige Abtrommeln sicher; denn die junge noch unfruchtbare Königin läuft bald in den aufgesetzten Korb. Beseitigt man honigreiche Stöcke später, wenn keine Brut mehr vorhanden ist, kann man sie sofort ausbrechen. Solange noch Brut in einem Stock ist, breche man ihn nicht aus; denn es ist ekelhaft, zerschnittene Larven und Nymphen unter dem Honig zu sehen.

Brutwaben stellt man anderen Beuten ein. Sitzt das zu beseitigende Volk in einer mehrfächerigen Beute, so nimmt man ihm die Königin und den Bau, öffnet das Verbindungsloch in der Scheidewand, so dass die Bienen in das Nebenfach gelangen können. Das Flugloch des eingegangenen Volkes wird geschlossen und durch ein vorgenageltes Tuch unkenntlich gemacht. Die Bienen gewöhnen sich dann recht bald an den neuen Anflug.

Hat man einen zweiten Stand, so verwendet man die Bienen des einen Standes zur Verstärkung schwacher Völker des andern. Dem Anfänger, der bald zu einer Normalzahl von Völkern kommen will, ist darum ein zweiter Stand ganz besonders zu empfehlen. War man mit Stöcken in die Heide gewandert, so nimmt man das Vereinigen sofort vor, wenn man die Stöcke Ende September nach Hause geholt hat. Man stellt dann die Völker, welche vereinigt werden sollen, möglichst nahe nebeneinander auf. Verstärkt man im Herbst, so ist ein Besprengen der Bienen, die man schwachen Völkern zugeben will, mit Honigwasser zu empfehlen. Wirft man auf ein mit Honig gefülltes Gefäß die mit Honigwasser besprengten Bienen, und stellt dies unter den Bau des zu verstärkenden Volkes, so gelingt die Verstärkung fast immer. Reicht man bei der Verstärkung kein Futter, dann drängen die Bienen die Fremdlinge an die Seite, ohne sich mit ihnen zu vereinigen und hier verhungern die zugegebenen Bienen im Winter. Wir sind der Ansicht, dass die Verstärkung wenig nützt, oft nur schadet.

4. Die Überwinterung auf dem Sommerstand

Wir entscheiden uns für die Überwinterung der Völker auf dem Sommerstand. Denn es treten in manchen Jahren schon im Januar so schöne Tage ein, dass die Bienen ohne Gefahr ausfliegen und sich reinigen können. Stehen nun die Stöcke auf dem Sommerstand, so braucht der Imker nur die Laden der Bienenhäuser zu öffnen, um seine Bienen ausfliegen zu sehen. Ohne die Stöcke zu beunruhigen, können die Laden des Abends wieder geschlossen werden. Aber es ist hinsichtlich der Überwinterung der Bienen ein großer Unterschied zwischen den Stöcken, die ohne jeglichen Schutz im Freien stehen und denen, die gegen Kälte und Wind geschützt sind. In Stöcken, die man unverwahrt auf dem Sommerstand stehen lässt, findet man im Frühjahr viele tote Bienen, während Stöcke, die gegen Frost und Wind geschützt standen, nur sehr wenig Abgang an Bienen haben. Freistehende Völker verzehren vielleicht 18 bis 20 Pfund Honig, während gut verwahrte Völker nur 10 bis 12 Pfund als Winterfutter brauchen.

Körbe mit etwa 8 cm starken Wänden sind warmhaltig genug und bedürfen einer besonderen Umkleidung nicht, wenn sie gegen kalte Winde geschützt sind. Die allgemein gebräuchlichen Körbe sind aber nicht warmhaltig genug; denn beträgt auch der Durchmesser einer einzelnen Strohwulst 4 cm, so ist der Korb doch da, wo die Wülste aneinander stoßen, meist nur 1,5 cm stark. Solchen Körben, stehen sie frei im Garten, gebe man eine Strohkappe, welche ziemlich bis auf das Standbrett herabreicht, vorn aber des Fluglochs wegen ausgeschnitten ist. Durch einen Drahtring wird das Stroh zusammengehalten. Auf dem Haupt der Strohkappe liegt ein nach allen Seiten zu schräg abgehobeltes Brettstück, welches durch einen Holznagel im Haupt befestigt ist; dies Brettchen verhindert das Eindringen des Regen- und Schneewassers. Körben, welche in einem Bienenhaus stehen, setzt man einen Untersatz auf, füllt ihn mit Flachsschäben, Moos usw. und legt dann einen Strohdeckel, ein Brett, eine Torfplatte usw. darauf. Ist das Haupt des Korbes warmhaltig verpackt, so kann im Inneren an der Decke weder Reif noch Eis entstehen; der an den Seiten des Korbes entstandene Reif wird den Bienen, wenn er taut, nicht verderblich, da das Wasser an den Seiten des Korbes herabläuft und nicht auf den Bienenknäuel niederfällt. Ganz zweckmäßig sind unsere Ü b e r s t ü r z e n. Sie sind von Stroh und so groß, dass wenn man sie über die Körbe stülpt, noch ein leerer Raum bleibt. Außen sind die nur lose und einfach geflochtenen Stürzen mit einer Mischung von Lehm und Spreu geglättet. Durch sie sind die Körbe gegen Kälte, Sonnenstrahlen und Vögel geschützt. Tritt grimmige Kälte ein, kann man die Fluglöcher der Stürzen verstopfen; nur vergesse man nicht, das Flugloch jeder Stürze bei dem Eintritt gelinder Witterung wieder zu öffnen. Die stärksten Körbe haben die Heideimker im Lüneburgischen. Diese halten die grimmige Kälte aus.

Holzstöcke mit unbeweglichen Waben umhüllt man mit Rohr. Das Flugloch lässt man frei, damit die Bienen heraus können, wenn sie wollen.

Stehen Bienenkasten in einem auf allen Seiten geschlossenen Bienenhaus, so verenge man die Fluglöcher und hänge vielleicht noch eine Blende vor, damit die Sonnenstrahlen nicht gerade ins Flugloch fallen und auch bei Kälte die Bienen zum Ausflug verleiten. Die Fenster werden aus den Kästen entfernt und durch passende 6 cm dicke Strohmatten ersetzt. Diese Strohmatten kann man sich auf einer Strohpresse (Abb. 44) selbst herstellen. Etwaige Fugen werden mit Moos oder feiner Holzwolle verstopft. Die Durchgänge zu den Honigräumen werden geschlossen. In die Honigräume packt man als bestes Wärmeschutzmittel eine etwa 10 cm dicke glatte Lage von Zeitungspapier. Es genügt auch, wenn der Honigraum mit Stroh, Heu, Moos usw. ausgestopft wird. Wird das Volk in einer Beute nach Vorschrift eingewintert, so entsteht kein Niederschlag.

Freistehende Bienenkasten müssen besonders warm verpackt werden. Doppelwandige Kasten bedürfen keines Seitenschutzes,

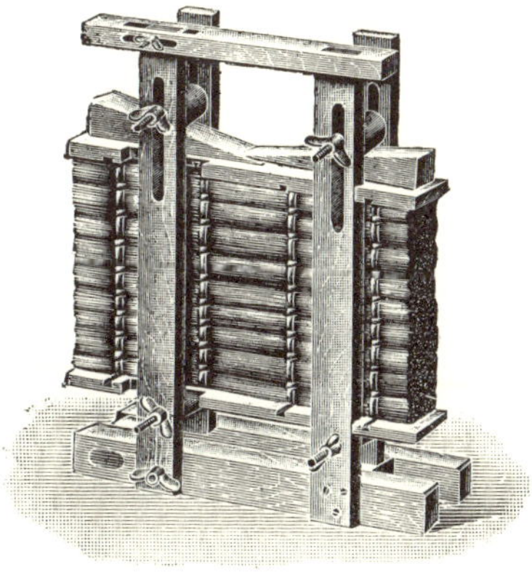

Abb. 44 Strohpresse

Abb. 45 u. 46 Glas mit und ohne Schraubverschluss

einfachwandige dagegen muss man mit einem Schutzkasten umkleiden oder durch Strohmatten, Mooskissen usw. nach außen schützen.

Die Laden der Bienenhäuser werden, sobald der Winter eintritt, geschlossen. Strohmatten, die man mit Stiften anheftet, schützen ebenfalls gegen Sonne, Winde und Vögel.

5. Die Überwinterung in einem besonderen Lokal

Man kann die Bienen mit Vorteil auch in einem besonderen Überwinterungsraum aufbewahren. Ein solcher Raum muss völlig d u n k e l gemacht werden, weil sonst die Bienen unruhig sitzen würden. In feuchten Räumen stocken die Wohnungen an und selbst der Wabenbau verschimmelt und verstockt; man muss darum einen trockenen Raum wählen. Der Raum muss auch recht r u h i g liegen, besonders dürfen in seiner Nähe nicht Türen heftig zugeschlagen werden. Dass er auch f r o s t f r e i sei, ist gerade nicht notwendig. Leider stehen gute Winterräume: Kammern, Keller, Gewölbe usw. dem Bienenzüchter nur selten zu Gebote. Weil die Temperatur in einem Winterraum ziemlich gleichmäßig bleibt, so überwintern die Völker in ihm vortrefflich, d. h. zehren nicht viel und haben wenig Tote. Verzehrt ein Volk auf dem Sommerstand im Winter etwa 10 bis 12 Pfund, so braucht ein gleich starkes Volk in derselben Zeit im Raum nur 7 bis 8 Pfund. Selbstverständlich schafft man die Stöcke erst dann in den Überwinterungsraum, wenn man für die nächste Zeit keinen Ausflug mehr zu hoffen hat und der Winter bereits eingetreten ist.

Das Einstellen in eine trockene Erdgrube (Erdkeller) hat insofern Vorzüge, als sich hier die Temperatur stets am gleichmäßigsten erhält und die Bienen allen Einflüssen und Wechseln der Witterung entzogen sind. Hat man nicht für alle Zeiten einen Erdkeller eingerichtet, so mache man die Erdgrube 1 m tief. Alle Stöcke müssen eine Unterlage haben, müssen also hohl stehen; denn stellt man sie auf den Erdboden, so ziehen die Standbretter

Feuchtigkeit an, was Verstocken des Wabenhauses zur Folge hätte. Über die Grube legt man Querbalken und über diese Bretter, so dass eine Art Dach entsteht. Auf die Bretter wirft man Erde und überdeckt das Ganze mit einem Strohdach, damit die Feuchtigkeit stets ablaufen und nicht eindringen kann. Ein Luftloch braucht man der Grube nicht zu geben; denn so lange die Bienen ungestört sitzen, ersticken sie nicht, weil sie bei völliger Ruhe ganz außerordentlich wenig Sauerstoff verbrauchen. Selbst nach vier- bis fünfmonatiger Winterruhe wird man die Völker gesund und munter aus der Erdgrube heben.

Nur wenn im Januar oder Februar ein so schöner Tag eintritt, dass die Bienen ohne alle Gefahr ausfliegen können, trage man die Stöcke aus der Erdgrube auf den Sommerstand. Besser ist, man lässt die Stöcke bis zum Tag des allgemeinen Reinigungsausfluges in der Grube oder dem Überwinterungsraum stehen. Denn verspricht man sich einen freundlichen Tag und bringt die Stöcke heraus, es erhebt sich aber alsbald ein kalter Wind und Wolken verdecken die Sonne, so lassen sich die aufgestörten Bienen vom Ausflug nicht zurückhalten und finden zu Tausenden den Tod. Oft bringt man die eingestellten Stöcke auf den Sommerstand und sieht sie bei schönem Wetter ganz munter fliegen; aber bald tritt nochmals grimmige Kälte ein, und nun müssen sie abermals, sollen sie nicht durch die Kälte leiden, in den Überwinterungsraum zurückgeschafft werden. Wir haben uns darum für die Überwinterung und warmhaltige Verpackung auf dem Sommerstand entschieden.

6. Beaufsichtigung der Bienen im Winter

Die Biene hält keinen Winterschlaf, sondern zehrt den ganzen Winter hindurch. Im Winter ist ihre Lebenstätigkeit bloß herabgestimmt. Hauptbedingung einer guten Überwinterung ist demnach – wir wiederholen es -, dass die Völker aus ihrer naturgemäßen Lethargie durch Erschütterungen und Sonnenstrahlen nicht zu unzeitigen Lebenstätigkeiten geweckt und gereizt werden.

Man besuche den Bienenstand auch im Winter. Hört man ein Volk stark brausen, so dringt die Kälte zu stark in den Stock ein. Jetzt gibt man dem Stock eine wärmere Umhüllung, die aber wieder entfernt wird, wenn die grimmige Kälte nachlässt.

Braust ein Volk im Februar oder März bei gelinder Witterung, so fehlt es ihm an Feuchtigkeit, den verzuckerten Honig flüssig zu machen. Am zweckmäßigsten ist es, den Bienen das Wasser von oben zu reichen.

Bemerkt man, dass ein Volk von der Ruhr befallen ist, so versuche man, es möglichst in Ruhe zu erhalten; denn jede Beunruhigung vergrößert das Übel nur. Tritt ein gelinder Tag ein, so reize man die von der Ruhr befallenen Völker zu einem Reinigungsausflug. Stellt sich ein solcher Tag nicht ein, ist auch nicht gleich zu hoffen, so schaffe man das ruhrkranke Volk in einen völlig dunklen Raum, um es gegen alle Beunruhigung zu schützen. Stellt sich endlich ein Tag ein, welcher einen Ausflug gestattet, so setze man den Stock genau auf seine frühere Standstelle zurück und reize das Volk zum Ausflug. Bald und stark fliegen wird es, wenn man an den Stock klopft und etwas erwärmten Honig ins Flugloch spritzt. Nach beendetem Ausflug ist die Ruhr behoben. Später entferne man an einem gelinden Tag aus dem Stock die beschmutzten Waben und ersetze sie nötigenfalls durch reine. Wurden selbst die Wände des Stockes mit dem Unrat der Bienen beschmutzt – besonders dürfte das in der Nähe des Fluglochs der Fall sein -, so schabe man den Unrat ab; noch besser aber tut man, wenn man das Volk, sitzt es in einem Kasten oder einem Bogenstülper, in eine andere reine Beute übersiedelt. Wer über ein Treibhaus verfügt, tut wohl, wenn er die ruhrkranken Völker in dasselbe bringt und sich reinigen lässt.

I. Verwertung und Aufbewahrung des Honigs

Die meisten Bienenzüchter pflegen die Biene, um ihre Einnahme aus den Erträgen derselben zu vermehren. Der Honig ist eine begehrte Ware. Wo die Bienenzucht in geringem Umfang betrieben wird, findet der feine Schleuderhonig und der noch feinere Scheibenhonig leicht zu hohen Preisen Abnehmer. Ungünstiger ist der Absatz des geernteten Honigs in bienenreichen Gegenden. Hier muss der Bienenwirt seine Betriebsweise so einrichten, dass er die Ware liefern kann, welche am meisten begehrt und am teuersten bezahlt wird. Beim Verkauf ist auf die Verpackung Gewicht zu legen. Schleuderhonig findet leicht Liebhaber, wenn er in feinen Gläsern mit Schraubverschluss versehen und mit einem geschmackvollen Etikett beklebt ist. Bevorzugt werden die Gläser, welche die Zylinderform haben (Abb. 45 und 46).

Aufbewahrt muss der Honig in einem trockenen Zimmer werden. Im feuchten Lokal gerät er in Gärung.

Anhang

Über Bienenrecht

Von großer Wichtigkeit für den Bienenzüchter ist es, die rechtliche Grundlage des Bienenzuchtbetriebes zu kennen. Die Kenntnis des Bienenrechts ist in manchen Fällen für den Imker wichtiger als die erschöpfendste Anweisung für den Betrieb der Bienenzucht.

Das Recht, Bienen zu halten, steht jedermann zu als ein Ausfluss des Eigentums- oder Benutzungsrechts an einem von ihm besessenen Grundstück. Dass dabei aber das Verhältnis zum Nachbar eine große Rolle spielt, ist ohne weiteres ersichtlich. Hängt doch oft vom bösen oder guten Willen des Nachbarn die Möglichkeit des Bienenzuchtbetriebes ab. Welches Recht hat nun der Imker gegenüber dem Nachbar? Gegen die Aufstellung eines Bienenstandes kann der Nachbar keinen Einspruch erheben. Er hat auch nicht das Recht, das Befliegen seines Grundstücks durch die Bienen zu untersagen. Ferner ist er nicht in der Lage, wegen Belästigung durch die Bienen auf Entfernung des Bienenstandes zu klagen; denn einen gewissen Grad von Belästigung (soweit er das Erträgliche nicht überschreitet) muss sich auf Grund des BGB jeder gefallen lassen. Nur eine übermäßige Belästigung kann ihn auf Entfernung des Bienenstandes dringen lassen. Der Nachbar macht sich durch Vergiften oder Abfangen der Bienen strafbar, nur die einzelne Biene darf er im Fall des Angriffs auf seine Person töten. Der Nachbar kann aber verlangen, dass durch Errichtung von Schutzwänden oder durch Anpflanzung hoher Büsche die Flugbahn der Bienen von seinem Grundstück abgehalten wird. Zum Einfangen der Schwärme muss der Nachbar dem Imker das Betreten seines Grundstücks erlauben, der Imker ist jedoch gehalten, dazu die Erlaubnis des Nachbarn einzuholen. Den beim Einfangen von Schwärmen angerichteten Schaden hat der Imker zu ersetzen. Verweigert der Nachbar das Betreten seines

Grundstücks, so tut der Imker gut, sich sofort einen oder zwei Zeugen herbeizuholen und sie mit der Sachlage bekannt zu machen, weil er im Weigerungsfall das Recht hat, vom Nachbar Entschädigung für den vorenthaltenen Schwarm zu verlangen. Dieser Anspruch zieht auch den entgangenen Gewinn mit in Betracht. Will der Bienenzüchter seinen Schwarm aber durchaus nicht im Stich lassen, so kann er auch gegen den Willen des Nachbarn dessen Grundstück betreten. Dr. Boeger *) kommt aufgrund des von ihm angeführten Materials zu folgenden Ergebnissen:

„1. Der Schwarmeigentümer darf selbst gegen das Verbot des Grundeigners dessen Grundstück betreten. Obrigkeitliche Hilfe braucht er nicht anzurufen, selbst wenn sie zur Stelle ist. Es kommt nichts darauf an, ob ohne sein sofortiges Eingreifen der Verlust des Schwarmes zu gewärtigen ist oder nicht.

2. Hindernisse, die ihm in den Weg gelegt werden, kann er mit Gewalt beseitigen, den Widerstand des Grundeigentümers gewaltsam brechen. Sollte der Letztere seinen bissigen Hund auf ihn loslassen, so darf er den Hund totschlagen. Zu dem Zweck darf er sogar, wenn er nichts zur Hand hat, nach § 228 des BGB den ersten besten Baumpfahl aus des Nachbars Garten herausreißen. Den Wert des Hundes braucht er nicht zu ersetzen.

3. Der Grundeigentümer kann sich dem Eigentümer des Schwarmes gegenüber nicht auf Notwehr berufen. Setzt er sich ihm gewaltsam zur Wehr, so hat er Bestrafung wegen Körperverletzung zu gewärtigen.

4. Der Schwarmeigentümer braucht dem Grundstückseigentümer vor dem Betreten des Grundstücks keine Sicherheit wegen eines zu besorgenden Schadens zu leisten.“

Es liegt aber selbstverständlich im Interesse des Imkers selbst, wenn er danach trachtet, mit dem Nachbar in Frieden auszukommen. Kleine Honigspenden bewirken in solchen Fällen oft die größten Wunder.

---

* Dr. Boeger, Die Rechte und Pflichten des Bienenhalters

Über die Entfernung des Bienenstandes von der Grenze des Nachbarn bestehen keine gesetzlichen und polizeilichen Vorschriften.

Das Recht an Bienen der Allgemeinheit gegenüber ist durch die §§ 961-964 des BGB geregelt. Der Bienenzüchter kann das Eigentumsrecht an einem ausgezogenen Schwarm nur durch unverzügliche Verfolgung desselben wahren. Unverzüglich bedeutet nach § 121 des BGB „ohne schuldhaftes Zögern". Der Schwarmeigentümer verfolgt den Schwarm also auch dann noch unverzüglich, wenn er nach erlangter Kenntnis des Schwarmabganges oder nach Erledigung unaufschiebbarer Geschäfte oder Beseitigung sonstiger Hindernisse die Verfolgung aufnimmt. Das Wort „verfolgen" ist hier im weiteren Sinn aufzufassen, ähnlich wie der Staatsanwalt eine Person durch einen Steckbrief verfolgt. „Wir verfolgen demnach einen Schwarm, wenn wir irgend eine Handlung vornehmen, aus der hervorgeht, dass wir ihn nicht aufgeben wollen, wenn wir z.B. weiter nichts tun, als durch den Ortsdiener ausrufen lassen, dass uns ein Schwarm davongeflogen sei und demjenigen, der ihn findet, eine Belohnung auszusetzen" (Boeger).

Bei der unverzüglichen Verfolgung hat der Imker das Recht, fremde Grundstücke auch ohne Erlaubnis der Eigentümer zu betreten. Er ist aber gehalten, allen durch ihn verursachten Schaden zu ersetzen.

Wird die Verfolgung aufgegeben, so wird der Schwarm herrenlos. Eine herrenlose Sache kann sich jedermann aneignen. Der Eigentümer des Grund und Bodens, auf dem der Schwarm gefunden wird, hat kein prinzipielles, die Besitzergreifung dritter Personen ausschließendes Recht am Bienenschwarm. Eigentümer des Schwarms wird vielmehr derjenige, der ihn in Besitz nimmt, und b l e i b t e s a u c h, wenn er wider Willen oder ohne Wissen des Grundeigentümers eingedrungen ist. Dieser kann aber jedem, der sein Eigentum am Schwarm nicht nachweisen kann, das Betreten seines Grundstücks verbieten.

Zieht ein Schwarm in eine fremde nicht besetzte Bienenwohnung, so darf der Eigentümer des Schwarmes die Wohnung öffnen und die Waben herausnehmen oder herausbrechen. Er hat den entstehenden Schaden zu ersetzen. Zieht dagegen ein Schwarm in eine mit Bienen besetzte fremde Wohnung, so erlöschen Eigentum und sonstige Rechte des bisherigen Besitzers. Fliegen Schwärme verschiedener Eigentümer zusammen, so werden die verfolgenden Eigentümer Miteigentümer des Gesamtschwarmes im Verhältnis der Anzahl der verfolgten Schwärme. Der Gesamtschwarm kann geteilt oder unter die Teilhaber oder an Fremde verkauft und versteigert werden. In den letzten Fällen wird der Ertrag geteilt.

Über die Entfernung der Bienenstände von Landstraßen oder öffentlichen Wegen besteht meines Wissens nur im Gebiet des früheren Königreichs Hannover eine Polizeivorschrift, nach der die Bienenstände 10 Ruten (46,72 m) von öffentlichen Wegen und 20 Ruten (93,44 m) von Landstraßen entfernt bleiben müssen. Jedoch kann mit Genehmigung des Landrats die Entfernung verringert werden.

Die Haftpflicht des Bienenzüchters regelt sich nach § 833 des BGG. Es heißt da:

„Wird durch ein Tier ein Mensch getötet oder der Körper oder die Gesundheit eines Menschen verletzt oder eine Sache beschädigt, so ist derjenige, welcher das Tier hält, verpflichtet, dem Verletzten den darauf entstehenden Schaden zu ersetzen."

Hiernach ist auch derjenige haftpflichtig, der Bienen hält. Ein Nichtverschulden des Imkers schließt die Haftpflicht nicht aus. Es ist hier von dem Verschuldungsprinzip abgesehen und das Veranlassungsprinzip zugrunde gelegt. Leider ist es trotz aller Bemühungen seinerzeit nicht gelungen, in den bekannten Tierhalterparagraph auch die Bienen mit einzuschließen, trotzdem sie doch auch in gewisser Weise, in Hannover vielfach ausschließlich dem Beruf, der Erwerbstätigkeit oder dem Unterhalt des Tierhalters dienen. Die Biene wird in Regierungskreisen immer noch als

„wilder Wurm" angesehen, der nicht zu den Haustieren zu rechnen ist.

Die Haftpflicht des Imkers ist aufgrund des BGB sehr weitgehend, jedoch wird der Bienenzüchter etwas durch den § 254 des BGB geschützt, der von dem Verschulden des Beschädigten handelt. Hat der Verletzte die Bienen gereizt, den Bienenstand ohne Erlaubnis betreten oder die Warnung des Imkers nicht beachtet und dergleichen Fälle mehr, so kann er keinen bzw. nicht den vollen Ersatz beanspruchen. Ferner hat der Beschädigte nachzuweisen, dass die Bienen des in Anspruch genommenen Züchters die Täter waren. In vielen Fällen dürfte das unmöglich sein. Voll ersatzpflichtig ist jedoch der Imker, wenn er eine dritte Person zur Hilfeleistung herangezogen oder einer solchen die Gegenwart auf dem Bienenstand und bei den dort vorkommenden Arbeiten erlaubt hat.

In solchen Fällen, wo eine Klage des Nachbarn auf Entfernung des Bienenstandes ohne Erfolg gewesen ist, haftet der Bienenzüchter trotzdem für allen Schaden, den die Bienen dem Nachbarn zufügen.

Der durch Raubbienen angerichtete Schaden muss ebenfalls ersetzt werden; in welchem Umfang das zu geschehen hat, richtet sich nach einem etwaigen Verschulden des beraubten Imkers.

Wieweit die Haftpflicht bei Faulbrutschäden geht, ist scheinbar noch nicht endgültig entschieden. Soviel kann aber als feststehend gelten, dass derartige Schäden, die durch gegenseitiges Berauben der Bienen verursacht wurden, nicht der Haftpflicht unterworfen sind, während der Verkäufer von verseuchtem Honig oder dergleichen ersatzpflichtig wird, wenn er beim Verkauf die Mängel arglistig verschwiegen hat.
